4歲寶寶

建立親密的親子關係
最佳時機

解讀寶寶的成長訊息，掌握智慧與潛能訓練的契機，
新世代父母一定要懂的幼兒啟蒙手冊！

Growing Child 雜誌發行人
丹尼斯‧唐 總編輯
毛寄瀛 博士 譯

書泉出版社 印行

Dear 源起

　　四十多年前，《教子有方》（Growing Child）的創辦人丹尼斯‧唐（Dennis Dunn）任職文字記者，並擁有一個幸福的小家庭。五歲的兒子和一般小男孩沒什麼兩樣，健康、快樂又聰明，偶爾也會調皮和闖禍。然而，兒子在進入小學不久之後，卻發生了上課不認真、不聽老師的話、注意力不集中的困難。父母眼中活潑可愛的孩子，竟成了老師眼中學習發生障礙的問題兒童；唐家原本無憂無慮充滿笑聲的生活，也因而增添了許多爭執與吵鬧。

　　經研究與治療兒童學習障礙聞名全球的普渡大學「兒童發展中心」的評估之後，發現丹尼斯的兒子雖然天資十分優異，但對於牽涉到時空順序的觀念卻倍覺吃力。問題的癥結在於，這個孩子的早期人生經驗有一些「空白」之處，也就是有一些在嬰孩時期應該發生的經驗，很不幸沒有發生！治療的方法是，帶領孩子逐一經歷那些沒有發生的「事件」，以彌補不該留白之處的記憶、經驗與心得。

　　經過輔導之後，丹尼斯的兒子在各方面都表現得相當出色。然而，丹尼斯卻對於孩子小時候因為自己的無知與疏忽，而感到非常的遺憾。如果在孩子剛出生時，就懂得小嬰兒日常生活的點點滴滴對於日後成長的影響是如此深遠，許多痛苦的冤枉路就都可以避免了。

　　因此，丹尼斯辭去報社的工作，邀請了「兒童發展中心」九位兒童心理博士與醫師（其中Dr. Hannemann曾任美國小兒科醫師學會副會長），共同出版了從出生到六歲每月一期的《教子有方》。三十多年以來，這份擁有超過八百萬家庭訂戶的刊物，以

淺顯易讀的內容，帶領了許多家長正確地解讀成長中的寶寶。在千萬封來信的迴響中，許多父母都表示閱讀了《教子有方》每月的建議，只要在日常生活中略施巧思，即可輕鬆愉快地培養孩子安穩的情緒（想喝奶時不哭鬧、遇見陌生人不害羞、充滿好奇心但不搗蛋……）、預防未來發生學習障礙（口吃、大舌頭、缺少方向感、左右不分、鏡像寫字、缺乏想像力、沒有耐性……），以及當寶寶遇到阻礙與挫折時，恰當地誘導他心靈與性情的成長。

小嬰兒一出生就是一台速度驚人的學習機！孩子未來的智慧、個性以及自我意識都會在五歲以前大致定型。對於期待孩子比自己更好的家長們而言，學齡之前的家庭教育實在是一項無與倫比的超級挑戰！

《教子有方》不僅深入寶寶的內心世界，探討孩子的喜怒哀樂，日常生活中寶寶摔東西、撕報紙、翻書等的一舉一動亦在討論的內容之中。舉例來說，《教子有方》教導父母經由和寶寶玩「躲貓貓」的遊戲，來幫助寶寶日後在與父母分離時不會哭鬧不放人；《教子有方》也提醒家長，在寶寶四、五個月的時候，多帶寶寶逛街、串門子，以避免七、八個月大時認生不理人。

現代人的生活中，事事都需要閱讀使用說明書，《教子有方》正是培育下一代的過程中不可缺少的「寶寶說明書」。這份獨一無二、歷久彌新、幫助父母啟迪嬰幼兒心智發育的幼教寶典，針對下一代智慧智商（I.Q.）與情緒智商（E.Q.）的發展，帶領父母從日常生活中觀察寶寶成長的訊息，把握稍縱即逝的時機，事半功倍地培養孩子樂觀、進取、充滿自信的人生觀。《教子有方》更能幫助您激發孩子的潛能到最高點，為下一代的未來打下一個終生受用不盡的穩固根基。

推薦序——
啓蒙孩子的心智之旅

生命中很奇特的一件事，就是擁有一個孩子。爲人父母者若具有足夠的知識來扮演他們的角色，這將是一件輕鬆、舒適及令人愉悅的事。

大部分的父母都希望他們的子女長大後是一位奉公守法的人，是一位體貼的伴侶，是一位眞摯的朋友，以及一位與人和睦的鄰居。但是最重要的，是希望孩子們到了學齡的年紀，他們心智健全，已做好了最周全的準備。

正如在第一段所提到的，父母們若具有足夠的知識來扮演他們的角色，這將是一件輕鬆、舒適及令人愉悅的事。

早自一九七一年起，《教子有方》就針對不同年齡的孩子按月發行有關孩子成長的期刊。這份期刊的緣由可以追溯到其發行人發現他的孩子在學校裡出現了學習的障礙，他警覺到，如果早在孩子的嬰兒時期就注意一些事項，這些學習上的困難與麻煩就可能根本不會發生。

研究報告一再地指出，一生中的頭三年，是情緒與智力發展最關鍵的時期，在這最初的幾年中，百分之七十五的腦部組織已臻完成。然而，這個情緒與智商發展的影響力要一直到孩子上了三年級或四年級之後，才會逐步顯現出來。爲人父母者在孩子們最初幾年中的所做所爲，會深深的影響他們就學後的學習能力及態度。

譬如說：

*在孩子緊張與不安時，適時的給予擁抱及餵食，將會減少
　往後暴力的傾向。

*經常聆聽父母唸書的孩子，將來很有可能是一個愛讀書的
　人。

*好奇心受到鼓勵的孩子，極有可能終身好學不倦。

當你讀這份期刊的時候，你會了解視覺、語言、觸覺以及外
在的多元環境對激發大腦成長的重要性。

我對教育的看法，是我們學習與自己有關的事物。在生命最
初的幾年中，豐裕的好奇心與嫻熟的語言能力，將為孩子們一生
的學習路程扎下堅實的基礎。這也是一個良性循環，孩子探索與
接觸新的事物愈多，他（她）愈會覺得至關重要，愈希望去發掘
新的東西。

你的孩子現在正踏上一個長遠的旅程，為人父母在孩子最重
要的頭幾年中有沒有花費心力，將會深遠的影響孩子一生。許下
一個諾言去了解你的孩子，這是父母能給孩子的最大禮物。

《教子有方》發行人

丹尼斯・唐

Dear PREFACE (推薦序中英對照)

Having a child is one of life's most special events and this occurs with greater ease, comfort, and joy when parents assume their roles with knowledge.

Most parents want their child to grow up to be a good citizen, a loving spouse, a cherished friend and a friendly neighbor. Most importantly, when the time comes, they want their child to be ready for school.

As the first paragraph says, this happens with "greater ease, comfort and joy when parents assume their roles with knowledge."

Since 1971, Growing Child has published a monthly child development newsletter, timed to the age of the child. The idea for the newsletter goes back to the time when the publisher's son had problems in school. The parents learned that had they known what to look for when their child was an infant, the learning problems might never have occurred.

Research studies consistently find that the first three years of life are critical to the emotional and intellectual development of a child. During these early years, 75 percent of brain growth is completed.

The effects of this emotional and intellectual development will not be seen, in many cases, until your child the third or fourth grade. But what a parent does in the early years will greatly affect whether the child is ready to learn when he or she enters school.

Consrder this:

* A child who is held and nurtured in a time of stress is less likely to respond with violence later.

* A child who is read to has a much better chance of becoming a reader.

* A child whose curiosity is encouraged will likely become a life-time learner.

As yor read this set of newsletters, you will learn the importance of brain stimulatlon in the areas of vision, language, touch and an enriched environment.

My premise of education is that we learn what matters to us. During these early years, an enriched curiosity and good language skills will lay the foundation for a child life time of learning. It is a positive circle. The more a child explores and is exposed to new situations, the more that will matter to the child and the more that child will want to learn.

Your child is now beginning a journey that could span 100 years. The time you spend or don't spend with your child during the first few years will dramatically affect his or her entire life. Make the commitment to know your child. There is no greater gift a parent can give.

Dennis Dunn Publisher, Growing Child, May 2001

Dennis D Dunn

你是孩子的弓

　　長子出世時我還是留學生，身爲一個接受西式科學教育，但仍滿腦子中國傳統思想的母親，我渴望能把孩子調教成心中充滿了慈愛，又能在社會上昂首挺胸的現代好漢！求好心切卻毫無經驗的我，抱著姑且試試的心理，訂閱了一年的《Growing Child》。

　　仔細地閱讀每月一期的《Growing Child》，逐漸發現它學術氣息相當濃厚的精闢內容，不僅總是即時解答日常生活中「教」的問題，更提醒了許多我這個生手所從未想到過的重要細節。從那時起，我像是個課前充分預習過的學生，成了一個胸有成竹又充滿自信的媽媽，再也沒有爲了孩子的問題，而無法取決「老人言」和「親朋好友言」。

　　我將《Growing Child》介紹、也送給幾乎所有初爲父母的朋友們。直到孩子滿兩歲時，望著樂觀、自信、大方又滿心好奇的小傢伙，再也按捺不住地對自己說：「坐而言不如起而行，何不讓更多的讀者能以中文來分享這份優秀的刊物？」經過了多年的努力，《Growing Child》終於得以《教子有方》的形式出版，對於個人而言，這是一個心願的完成；對於讀者而言，相信《Growing Child》將爲其開啓一段開心、充實、輕鬆又踏實的成長歲月！

　　「你是一具弓，你的子女好比有生命的箭，藉你而送向前方。」這是紀伯倫詩句中我最喜愛的一段，經常以此自我提醒，在培育下一代的過程中小心不要出錯。曾有一友人因堅決執行每四個小時餵一次奶的原則，而讓剛出生一個星期的嬰兒哭啞了嗓子。數年後自己也有了孩子，每次想起友人寶寶如老頭般沙啞的

哭聲，就會不由自主喟然嘆息，當時如果友人能有機會讀到《教子有方》，那麼他們親子雙方應該都可以減少許多痛苦的壓力，而輕鬆一些、愉快一些。

　　生兒育女是一個無怨容易無悔難的過程，《Growing Child》的宗旨即在避免發生「早知如此，當初就……」的遺憾。希望《教子有方》能幫助讀者和孩子無怨無悔、快樂又自信地成長。

美國聖荷西州立大學營養學系教師
「營養人生」團體個人營養諮詢中心負責人
北加州防癌協會華人分會營養顧問

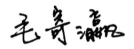

前言——
本書的目的和用意

　　《教子有方》的原著作者們，是一群擁有碩士、博士學位的兒童心理學專家，而我們的工作，就是在美國普渡大學中一所專門研究嬰幼兒心智成熟與發展的研究中心，幫助許多學童們解決各種他們在學校中所面臨有關於「學習障礙」方面的問題。

　　在筆者經常面對的研究對象之中，不僅包括了完全正常的孩子，同時也有許多患有嚴重學習障礙的孩童。一般而言，這些在學習上發生困難的兒童們，他們在心靈與精神方面並沒有任何不健全的地方，甚至於有許多的個案，還擁有比平均值要高出許多的智商呢！

　　那麼問題究竟出在什麼地方呢？這許多孩子們的共同特色，就是他們在求學的過程中觸了礁、碰到了障礙！

　　然而，為什麼這些照理說來，應該是非常聰明並且心智健康、正常的孩子們，在課堂之中即使比其他同年齡的同伴們都還要加倍努力地用功，結果還是學不會呢？

　　專家們都相信，在這些學習發生障礙的孩童們短短數年的成長過程中，必定隱藏著許多不同於正常兒童的地方。

　　雖然說，我們無法為每一位在學習上發生障礙的孩子，仔細地分析出問題癥結的所在，但在不少已被治癒的個案中，我們能夠清楚地掌握住一條共同的線索，那就是這些孩子們在他們生命早期的發展與成長的過程中，似乎缺少了某些重要的元素。

　　怎麼說呢？以下我們就要為您舉一個簡單卻十分常見的小例子，讓您能更深一層地明瞭到這其中所蘊涵的重要性。

在小學生的求學過程中，經常會有小朋友們總是把一些互相對稱的字混淆不清，並且也習慣性地寫錯某些字。譬如說，一個小學生可能會經常分不清「人」和「入」、「6」和「9」，也有很多學童老是把「乒」寫成「乓」！

顯而易見的，我們所發現的問題，正是最單純的分辨「左」、「右」不同方向的概念。

在經過了許多科學的測試之後，我們發現到一項事實，那就是一位典型的、具有上述文字與閱讀困難的小朋友，不僅在讀書、寫字方面發生了問題，往往這個孩子在上了小學之後，仍然無法「分辨」或是「感覺」出他自己身體左邊與右邊的不同之處。

大多數的小孩子們在上幼兒園以前，就已經能夠將他們身體的「左側」和「右側」分辨得十分清楚了。

但是有一些小孩子則不然，對於這些一直分辨不出左右的孩子們而言，當他們長大到開始學習閱讀、寫字和數數的時候，種種學業上的難題就會相繼地產生。

一般說來，一個正常的小孩子在他還不滿一歲的時候，就已經開始學習著如何去分辨「左」與「右」。而在寶寶過了一歲生日之後的三至五年之內，他仍然會自動不斷地練習，並且去加強這種分辨左右的能力。

但是，為什麼有些小孩子學得會，而有些小孩子就怎麼也學不會呢？

答案是：我們可以非常肯定地說，嬰幼兒時期外在環境適當的刺激和誘發，是引導孩子日後走向優良學習過程最重要的先決要件。

更重要的是，這些發生於人生早期的重要經驗，會幫助您的孩子在未來一生的歲月中，做出許多正確的判斷和決定。

在本書中我們將會陸續為您解說如何訓練寶寶辨認左右的能

力。這雖然是相當的重要，但也僅只是一個孩子成長的過程中，許許多多類似元素中的一項而已。而這些看似單純自然，實則影響深遠的小地方，相信您是一定不願意輕易忽視的。

如果您希望心愛的寶寶在他成長的過程中，能夠將先天所賦予的一切潛能激發到極限，那麼從現在開始，就應該要為寶寶留意許許多多外在環境中的細節，以及時時刻刻都在發生的早期學習經驗！

這也正是我們的心意！何不讓本書來幫助您和您的寶寶，快樂而有自信地度過他人生中第一個、也是最重要的六年呢？

親愛的家長們，相信您現在一定已經深刻地了解到，早期的成長過程以及學習經驗，對於您的寶寶而言，是多麼的重要！

筆者衷心要提醒您的一點就是，這些重要的成長經驗，並不會自動地發生！身為家長的您，可以為寶寶做許多（非常簡單，但是極為重要）的事情，以確保您的下一代能夠在「最恰當的時機，接受到最適切的學習經驗」！

本書希望能夠為您指出那些我們認為重要，而且不可或缺的早期成長經驗，以供您為寶寶奠定好自襁褓、孩提、兒童、青少年，以至於成年之後的學習基礎。

在緊接著而來的幾個月之中，以及往後的四、五年之內，您最重要的工作，就是為寶寶（一個嶄新的生命）未來一生的歲月，紮紮實實地打下一個心智成長與發展的良好根基！要知道，身為家長的您，正主宰著寶寶在襁褓以及早期童年時期，所遭遇到的一切經歷！

您必然也會想要知道應該在什麼時候，去做些什麼事情，才能夠為您心愛寶寶的生命樂章，譜出一頁最美妙、動人而又有意義的序曲。

我們希望能夠運用專業的知識，和多年來與嬰幼兒們相處的經驗，成為您最得力的助手。身為現代的父母，請您務必要接受

本書為您提供的建議！

　　現在，讓我們再來和您談一談我們所輔導過的個案，也就是那些雖然十分聰明，但是卻在學校裡遭遇到學習困難的孩子們。

　　我們發現，在絕大多數這些孩子們早期的成長與發展過程中，都存在了或多或少未曾連接好的「鴻溝」。而我們在治療的過程中，所最常做的一件事，就是設法找出這些「鴻溝」的所在，並且試著去「填補」它們。值得慶幸的是，這一套「填補鴻溝」的做法，對於大多數我們所輔導的個案都產生了正面、而且相當有效的作用。

　　然而，同時也令我們感到非常惋惜的，就是如果這些不幸孩子的父母，能夠早一點知道他們的孩子在成長的過程中所需要的到底是什麼，那麼大多數我們所發掘出來的問題（鴻溝），也就根本不會產生了。

　　總而言之，本書想要做的，就是時時刻刻提醒您，應該要注意些什麼事情，才能適時激發孩子的潛力，並且「避免」您的孩子在未來長遠的學習過程中遭遇到困難。

第一個月

寶寶的心事您懂嗎？

近代學者對於兒童心理發展的了解，受到瑞士科學家皮亞傑（Jean Piaget）的影響極為深遠，在家長們帶領寶寶進入人生第四個年頭的起點，《教子有方》願意秉持著多年來身為「寶寶說明書」的使命，先藉著皮亞傑教授的理論，帶領家長們進入孩子的心靈世界，了解寶寶「人小，頭腦卻不小」的思考方式，以能在未來一年之內，貼切地引導及扶助寶寶所將經驗到突飛猛進的成長！

緣起

許多年前，當皮亞傑教授在法國從事一份為幼小兒童測試性向與智商的工作時，他從幼童們所回答的「錯誤」答案中，看到了許多雷同之處，因一份濃厚的好奇心，他開始深入研究幼小兒童的思想方式，從此打開了通往幼兒心靈國度的大門！

皮亞傑教授所得到最重要的發現，是幼小的兒童和較年長的兒童，所使用的邏輯思考方式完全不同！經由皮亞傑教授的研究，世人得以窺探人類在生命早期每一個不同的發展階段中，各異其趣的思想模式。由此，父母們才能真正「設身處地」地了解幼小子女們心中的想法，懂得他們的思維心事與成人「不同」之處，避免各種「因為不了解」而產生的「誤會」！

童心旋律之一

我們可以利用一個常見的例子來解釋皮亞傑教授的理論。

假設小美阿姨送給四歲的外甥一本非常昂貴的電腦語音童話書，同時也送給一歲的外甥女三件不同的玩具。雖然這三件玩具的價值，全部加在一起仍不如電腦語音童話書的價格，但是小外

甥卻仍然會傷心生氣地抱怨：「小美阿姨送給妹妹的禮物比較多，我只有一件，妹妹有三件！」

一位了解孩子心中想法的家長，此時會懂得，四歲的寶寶對於每一件物體的實物概念（concrete concept，例如大小、多少等），要比抽象概念（abstract concept，

例如價格、紀念性等）來得清晰與明顯，也因而會專注於一些外在的觀察和比較。因此，家長不會斥責寶寶的「不知好歹」、「不懂事」和「無理取鬧」，相反的，深諳寶寶心事的父母，反而可以事先體貼地預作打算，以避免發生此種大人尷尬、小孩痛苦的情形。

童心旋律之二

另外一種連大人也經常會落入其中的思考陷阱，我們稱之為「關聯推理」（transductive reasoning）。

想想看，您是否曾在午間小憩醒來時聞到燒餅、油條和豆漿的香味，而直覺的以為吃早餐的時間到了？參加考試的時候，您是否會堅持要用某一枝特別的「常勝鉛筆」？又或者在突然聞到熟悉的香水味時，誤以為久別未見的某位親友就在身旁？種種諸如此類的「誤以為」，是因為我們早已在腦海中將一些原本不相關的事件（早餐和豆漿、燒餅、油條，考試考得好和「常勝鉛筆」，香水味和某位親友）緊密地結合在一起，而在經驗到其中某一件事的時候，其他有關聯的事即會不由自主地在腦海中浮現出來。

四歲的寶寶也經常會在不知不覺中，進入關聯推理的思考路線。舉個例子來說，一位四歲的幼童可能會「百思不解」、「怎

麼也想不通」地問：「咦？現在怎麼會是下午了呢？我還沒有睡午覺啊？」此時，寶寶的心中已經因為過去的經驗，預先認定「睡午覺」和「下午」是缺一不可、同時存在的，因此，如果其中一件沒有發生，另外一件也就不可能發生！

經由以上這兩個有趣的例子，想必讀者們已經能夠深切地體會出四歲寶寶「心事無人知」的痛苦。

身為父母，愛子心切的您如果想要體貼合宜地以睿智的愛心來幫助寶寶，分擔他的痛苦，帶領他，教導他早日完成必經的成長里程碑，唯一的方法，就是深入寶寶的內心世界，以超然客觀的思考及開放的心態，不批評、不判斷亦不預設立場，誠心誠意地解讀寶寶的心事，設身處地從寶寶的角度為出發點。如此，您才能引領寶寶走出「稚氣思考」的死胡同，進入更加成熟的思想領域。

思想成熟進行曲

根據皮亞傑教授的理論，一個生命從出生開始，到十二歲左右的這段時間中，會經驗到三種不同的思維成長階段。

兩歲以前的幼兒，凡事都伸手摸一摸，張口嚐一嚐，聞聞看，踢踢看，這些經由感官肢體所傳回大腦的訊息，主宰著孩子對於環境的認知。皮亞傑教授將這一個階段定義為「感官肢體期」（sensorimotor period）。整體說來，一位剛滿兩歲的幼兒，在舉手投足及思想言行等各方面，都仍然處處流露著濃厚「感官肢體期」的特徵。

在六歲到十二歲之間的思想方式，皮亞傑教授稱之為「強固大腦運作期」（concrete operational period）。在這段時期中，孩子會產生只動腦、不動口也不動手的思維能力，心算數學以及下棋時在心中「盤算」下一步該怎麼走，都是強固大腦運作模式的自然表現。

　　至於兩歲到六歲之間的兒童，他們的思考方式顯然已經較感官肢體期時要來得高明，但是比起強固大腦運作期則又顯得稚氣和遲鈍，因此皮亞傑教授稱這一個階段為「前置大腦運作期」（pre-operational period）。

前置大腦運作期

　　您家中四歲的寶寶目前正處在介於「感官肢體期」和「強固大腦運作期」之間的「前置大腦運作期」。在寶寶兩歲到六歲的這段時期中，他會漸漸地從實物操作的學習方式，蛻變為抽象式的學習。也就是說，寶寶將能夠全憑著想像與一些記號（如語言、圖片和文字）而在腦海中形成清晰的概念。

　　事實上，四歲的寶寶已經開始逐漸放棄依賴嘗試錯誤來修正行為的習慣，並且努力地為自己製造「動動腦筋想想看」的練習機會。這種由外（感官肢體）而內（思維想像）的心智成熟，是每一個人都必須經過的成長里程，也是生命中一個十分有趣的階段。

能言善道

　　無庸置疑的，您四歲的寶寶是很能說話的。他可以利用言語來表達自我，藉著發問來蒐集資料，在問和答之間，寶寶的思想威力也會因此而不斷的升等。

　　然而，從另一個角度來分析，四歲的寶寶仍然沒有完全脫離「感官肢體」的思考模式，經由五官和四肢所取得的訊息，仍然強而有力地左右著寶寶的思想。因此，親友和家人雖然已能藉著語言，對寶寶抽象地「灌輸」各式各樣的概念和想法（例如：「小心，火鍋很燙喔！」），但是如果寶寶當時的親身經驗和體會完全不是那麼一回事（沿上例，假設火鍋店中的冷氣開得很強），那麼大人們一切的「口舌」，則很有可能會變得徒勞無

功，完全白費。

親愛的家長們，當上述這種情況發生在寶寶身上的時候，請千萬不要誤會寶寶是故意將您的「苦口婆心」當作是「耳邊風」。您要提醒自己，四歲的寶寶其實是「身不由己」，被五官肢體的知覺感受所牽制著，他尚且無法完全將大腦的思想，強固在由語言所接收到的抽象訊息之上！

自以為是的小頑固

四歲的寶寶也是十分的自以為是。

皮亞傑教授以自我中心思想（egocentric thinking），來定義四歲寶寶所持有「擇己善而固執」的傾向。簡單的說，四歲的幼兒堅信自己的想法，從他的立場而言，是合乎邏輯、毫無破綻和百分之百的正確！即使是寶寶在面臨明顯的對立和衝突的時候，他也絕對不會承認自己的想法是錯誤的。各位讀者們，想必您早就已經領教過四歲寶寶「寧死不認錯」的倔強啦！

寶寶的自我中心思想模式，會一直持續到他上了小學，差不多六、七歲的時候，才會逐漸的低沈下來。因為到了那個時候，寶寶會比較懂得如何貼切地表達自己的想法，較能誠心誠意地接受他人的意見，成功地做到真正的雙向溝通，也會開始採行較為客觀的處世之道，而不再一味地堅持己見，故步自封。

因此，對於家有四歲寶寶的讀者們而言，《教子有方》建議您對於寶寶的「一意孤行」，要在盡可能的範圍之內，待之以寬容、諒解和愛心。請您要耐著性子來陪伴孩子的成長，等過了二、三年之後，頑石終會有點頭的一天，千萬不要在寶寶目前處於自我中心思想的成長階段時，自討沒趣地硬要強迫寶寶放棄己見，接受您的高見喔！

符號思想

一位已經進入前置大腦運作期的幼兒，可以藉著符號、圖像

和標誌等具有代表性的中間媒介，在腦海中產生整體的思考與想像，我們稱這種能力為「符號思想」（symbolic thinking）。

舉個簡單的例子來說明，當「掃帚」這兩個語音合在一起的時候，寶寶的大腦中會浮出媽媽每天用來掃地的那件極長的物體。同樣的，當他看到一張海邊風景的圖片時，寶寶也會想起他在海邊玩沙、踏浪、享受日光浴的經驗。除此之外，騎著竹竿跑過窗前的小朋友，也會令寶寶不由自主地想要假裝騎馬。

預先構思

您四歲的寶寶也已經可以在他小小的腦海中，「預演」他所計畫要發生一連串不同的行為。

例如他會在「心中」「打好主意」：「等爸爸的車子開到了外婆家，我要很快的下車，先去看一看魚缸中的大金魚，再去打開冰箱，找找看有沒有上回喝過的新鮮果汁。然後，我要去玩外婆床頭的音樂鐘……」親愛的家長們，請您不妨試試看，選一個寶寶看來若有所思、發著呆、作著「白日夢」的時候，問問寶寶：「你在想些什麼啊？」也許寶寶會藉機將他的「計畫」全盤托出，告訴您：「喔！我在想等一下爸爸下班回來，要請他嚐一嚐媽媽下午做的布丁！」接下來，您還可以「驗收」一番，看看寶寶是否真的會記得他的「計畫」，並且毫不含混地付諸行動。

由此，我們明白寶寶的前置大腦運作思想能力，讓他得以在事情還沒有真正發生之前，可以在腦中事先按照程序「演練」一遍，這是一個十分重要的成長里程碑，代表著寶寶正朝向著強固大腦運作的方式，大步並且成功地往前邁進！

快速成熟中的記憶力

因為預先構思和符號思想的成熟，寶寶的記憶能力也會隨之進步神速！想想看，近來寶寶找東西的本領，是否已在不知不覺中變得厲害了？原因很簡單，處於前置大腦運作期的寶寶，已經

可以「不動聲色」地在腦海中，以「倒敘」的方式回想過去所發生的事，他的思想可以逐步退回到不同的場景，因而想起東西遺落的所在。

對於許多研究兒童思想成長的專家們而言，這實在是一項了不起的進展和突破，如此神奇和巧妙的大腦運作方式，也再一次地驗證了人類為什麼能在世間各種生物之中，高居於「萬物之靈」的地位。

智慧的演化

總而言之，皮亞傑教授的理論重點在於強調兒童成長過程中，思想認知能力的轉變。他認為這種本質的改變，正是新生命在融入外在環境時，屬於智慧層面的演化。

正如我們吃東西是為了將食物消化吸收之後，轉變為自身血肉的一部分，我們藉著感官和肢體所接收到有關於外界的訊息，也會被轉換為屬於個人的思想、語言和行為。

這種與外在世界有形（飲食）與無形（感受體驗）的共融和互動，將繼續不斷地發生在生命的每一個不同階段之中。因此，不論是襁褓中的嬰兒、四歲的寶寶、青春期的青少年，或是已為父母的成年人，都會因為每一次思想認知能力的成熟，進而牽引出各種行為、想法、領悟能力以及解決問題方式的許多修正和躍進。

親愛的家長們，正是因為如此，《教子有方》願意成為您在教導子女的過程中最稱職的導遊，在寶寶成長過程中每一個峰迴路轉的重要關口，陪伴您、提醒您，做您的指引，為您探路打燈，幫助您妥善地裝配好現代父母所需的一切準備，以便能輕鬆愉快地享受生命中每一段難能可貴、屬於寶寶也屬於您的美妙經驗。

您的寶寶玩得夠嗎？

　　對於一個四歲的幼兒來說，他所接觸到的外在世界，大多來自於各式各樣不同的玩耍經驗。從點點滴滴的遊戲之中，寶寶得以如拼圖一般，將各種的認知逐漸拼出一幅寫實的「人生」！

　　我們願意先為讀者們介紹幾種四歲寶寶喜歡玩的遊戲，並且深入探討這些不同的玩耍方式對於寶寶的發展，所產生的重要影響。

　　筋骨性玩耍（physical play）、操縱性玩耍（manipulative play）和象徵性玩耍（Symbolic play），是您的寶寶目前所處在成長階段中，三種重要的玩耍方式。

筋骨性玩耍

　　凡是運用到四肢軀體和肌肉的玩耍方式，我們都稱之為筋骨玩耍。在這一類的遊戲中，存在著一個明顯且共同的特徵，那就是「動作」（action）。追、趕、跑、跳、碰；攀、爬、鑽、溜、踢；吊猴桿、挖地洞、拍皮球、騎腳踏車、溜冰、游泳等，全都屬於筋骨玩耍。

操縱性玩耍

　　這種形式的玩耍，包括了所有寶寶藉以學習如何操縱外在世界的遊戲和活動。拼圖、搭積木、捏黏土、吹泡泡、砌沙堡、放風箏等，是屬於學習操縱「物」的玩耍，而說故事、扮鬼臉、為媽媽搖扇子、故意摔一跤引人注意等，則是屬於學習操縱「人」的玩耍。

象徵性玩耍

在這一類型的玩耍中，寶寶會藉著各種不同的事與物，來改變一些外在的情況、內心的感受以及對於一些事情的看法。

舉例來說，假裝大家去爬山，想像爸爸今天過生日，自編自導自演扮家家酒，富於情感地自言自語，甚至於怪腔怪調地自哼自唱，都屬於象徵性玩耍。四歲的寶寶會在象徵性玩耍之中，更進一步地學會如何控制這個他所身處的大環境。

接下來，我們將從肢體發展（physical development）、認知發展（cognitive development）、情感發展（emotional development）以及社交發展（social development）四個不同的角度，來探討玩耍在孩子的生長過程中，所造成的重要影響。

肢體發展

顯而易見的，凡是牽涉到四肢體能活動的遊戲，都可以促進一個孩子的肢體健康和發展。除此之外，幼兒的感官肢體協調能力，例如手眼協調、手腳協調，和整體的靈活度與敏捷感，都可以從許多鍛鍊四肢、不經大腦的遊戲中，得到正面的助益。

認知發展

在遊戲中，寶寶可以任意地將他對於這個世界的了解，以不同的方式來測試和實習。

當寶寶趴在地板上推動一輛救火車，口中還發出「嗚一嗚一」聲音的時候；當他拍哄著一個洋娃娃，唱著搖籃曲的時候；當他對著玩具電話，嘰哩咕嚕地說個不停的時候……，他並不只是「單純的」覺得玩具救火車、洋娃娃或是玩具電話本身很好玩，他其實是正藉著玩耍中小型的模擬經驗，以聚沙成塔的恆心和毅力，在腦海中勾繪出他所認知的外在世界，並且將這些重

要的知識，深刻地納入迅速膨脹中的智慧寶庫。

情感發展

在玩耍的經驗對於寶寶情感發展所能造成的諸多影響之中，自我意識（self-concept）可稱得上是最重要的一項。也就是說，藉著玩耍的經驗，寶寶得以拿捏出自我的實力，肯定自我，挑戰自我，並且超越自我，並且在不知不覺中培養出一份堅定的自信，真摯的自愛，發自內心的自勉，以及恰如其分的自尊與自重。

除此之外，玩耍與遊戲也是寶寶在處理自我情緒時，重要且有效的管道。寶寶可以在開心的時候，和小狗熊一起滾在地上高聲尖叫；也可以在生氣的時候假裝自己是爸爸，指著洋娃娃的鼻子臭罵一頓；更可以在傷心的時候，對著牆上海報中的小飛俠，傾訴心中的委曲。諸如此類的玩耍，可以幫助幼兒即時清除屯積心中的情緒垃圾，避免慢性心靈傷害的發生，維持心靈情感最佳的健康與成長。

社交發展

不論是群體有玩伴的遊戲還是單獨的玩耍，寶寶都可從中練習，並且實驗以不同的角色，不同的人際關係，不同的勢力、地位以及規則，來與人交往。

例如四歲的寶寶可以命令他的玩伴：「你不乖，現在去面壁罰站！」也可以對著想像中的包青天趴在地上猛磕頭，並且不住地大喊：「大人饒命！」這種看來不過是一齣有趣的模仿秀，其實正是寶寶「設身處地」為人著想的一種踏實的自我訓練。由此，一個生命才能真正的完成社交能力的發展，成功的進入這個「一樣米養百樣人」的大千世界。

總而言之，正是因為兒童都有「童心未泯」的「好玩」心

性，他們自然而然的會在玩耍中學習認識自己，也認識自己所身處的外在世界。親愛的家長們，請別忘了，「兒童的工作就是玩耍」這個千古不變的定理，下一回當您覺得四歲的寶寶又再度整日遊手好閒，無所事事，從早到晚都在玩的時候，請快快的提醒自己「寶寶並不是鬼混了一整天，而是工作與學習了一整天！」那麼您一定會為寶寶的成就覺得欣慰，而絲毫不會感到沮喪與懊惱。要知道，如果學習永遠不嫌多的話，那麼四歲寶寶的玩耍，也是絕對不嫌多的喔！

 # 一樣還是不一樣？

　　日常生活之中「分門別類」，決定什麼是相同的，什麼是不相同的，是我們每個人經常在做，也處處在做的一件工作，許多時候我們雖然並不自知，但是這卻是我們整理生命內外次序的重要法寶。

　　舉個例子來說，人人都知道化學醋和鹽酸的共同點，是無色透明具有酸性的液體，但是不同之處在於化學醋可以食用提味，而鹽酸雖然可以消毒殺菌，卻絕對不可食用。想想看，若是我們缺少了這份辨別異同的能力，那麼，是否連生命都經常會受到嚴重的威脅呢？

　　的確，學習如何將人、事、物的相同與相異之處，正確地歸納、整理、分門別類，是每一個成長中的生命都必須完成的重要課題。即使是稚齡的幼兒，也都或多或少擁有著不同程度的分辨異同能力。如何能看得出來呢？以下我們就利用一個淺顯的例子，來為您剖析寶寶的本領。

狗狗！

　　當寶寶第一次指著路上一條陌生的狗大喊：「狗狗！」的時候，家長們的直覺反應，通常是十分欣慰寶寶已學會了「狗」這個字。然而，在這份成就中最值得我們刮目相看的精華部分，是寶寶不僅能夠將「狗」字正確地使用於牧羊犬、狼狗、吉娃娃的身上，還可以從玩具機械狗、狗枕頭、漫畫、圖片，甚至於電視螢幕中成功地辨認出來。

　　也許此時家長們會問：「寶寶是以什麼方式來定義『狗』呢？」而他又如何能對著一條他從來沒有見過的狗，卻毫不費力地確定那是狗呢？

　　事實上，幼小的兒童對於「狗」的認知，是建立在一個經由長時間根據「相同」和「不同」所歸納出的概念之上。別以為這是一件簡單的事喔！您不妨試試看，在一張紙上列出各式各樣不同狗種、不同狗形的相同之處，再在另外一張紙上列出狗和其他動物（例如貓、羊、豬等）之間的不同之處，您會發現這件差事，實在是不容易！

　　然而，幼小的兒童正是藉著以上這種比較異同的方式，在小小的腦海之中逐漸將許許多多的人、事和物分門別類地歸納出來。因為如此，如果成長中的寶寶要能將所身處的外在環境整理得有條不紊，井然有序，那麼他們需要有大量的練習機會，取得大量的資料，並且累積大量的心得。

　　以下我們為讀者們列出幾種幫助寶寶發展分類本領的好方法。

主動出擊！

　　父母們可以在生活之中隨地取材，為寶寶指出物體之間的異同之處。一個不錯方法，就是帶寶寶上一趟超級市場，然後在某

一排貨架之前停下來，和寶寶一起研究一番。

您可以為寶寶指出，蘋果汁、柳橙汁、百香果汁等全都並列排放在冷藏櫃中相同的區域，因為這些全是屬於果汁類。這個時候，您也可以和寶寶一起來動動腦想一想，這些果汁有什麼相同的特點呢？冰涼好喝、帶著甜味、讓人喝了還想再喝……等，全都是貼切的答案。

接下來，家長們也可以開始激盪寶寶的思考，問問他：「那麼這些果汁又有些什麼不同之處呢？」寶寶的回答也許會包括盒子不同、顏色不一樣、聞起來也不相同，甚至於某種果汁是爸爸愛喝，而某種果汁又是寶寶愛喝的……等。

親愛的家長們，您可要機警地轉動頭腦，隨時截長補短地幫助寶寶完成「找出不同之處」的任務喲！

伺機而行！

家長們也可隨機應變，把握住每一個自然的機會，為寶寶製造比較異同的練習機會。

假設寶寶在凝神研究了一只蚱蜢造形的胸針後，恍然大悟般地宣布：「哇！一隻蝴蝶。」此時媽媽可以冷靜但明智地回答：「喔！這是一隻蚱蜢，不是蝴蝶。」並且為寶寶解釋：「但是蚱蜢和蝴蝶一樣，都有一雙會飛的翅膀。」

媽媽還可以接著再問：「還有什麼別的東西，也有會飛的翅膀呢？」四歲的寶寶也許會回答：「嗯！飛機、小鳥、大公雞和媽媽的披肩！」當您聽到了最後的這一個答案時，請千萬不要覺得好笑、好氣或是不可思議，要知道，四歲寶寶的思考是十分基本、十分直接也十分實際的。

三思而言

在幼兒發展分類能力的過程之中，父母的註釋、眉批以及發

人省思的反問，都能強而有力地助寶寶一臂
之力。因此，我們要提醒家長們，在許多時
候，「三思而言」會預防您在緊要的關頭，
脫口說出言不由衷的「錯話」。

　　譬如說，您請寶寶為您拿一雙白襪子，
他卻為您拿來了一雙紅襪子，此時您直接的
反應很可能是：「錯了，錯了，不是這雙紅
襪子，是那雙白襪子！」但是，您心中真正
的想法，也是比較建設性的反應，多半是：
「我需要的是白襪子，這雙紅襪子我不能穿！」

　　也就是說，您在「三思」之後對寶寶所作的評論不僅較為真
誠，同時也較能達到親子雙方兩相得益、皆大歡喜的效果。

　　繼續這一個例子，您可以將寶寶所拿來的紅襪子排放在衣櫃
中的紅色長褲旁，讓寶寶明白：「瞧，紅襪子和紅褲子是同樣的
顏色，是相配的。」然後將紅襪子擺在身上的白色長褲旁：「紅
襪子和白長褲有著不一樣的顏色，穿在一起不相配。」

　　總而言之，您的寶寶必須學會林林總總、難以數計的異同類
別（寬窄、長短、胖瘦、黑白、冷熱等）。在每日的生活之中，
您也必能找到許多訓練寶寶分類的機會（整理玩具、摺衣服、排
放超市買回的一堆食物等），經由這些實際的學習經驗，寶寶不
但會學得既快又好，還會一而再、再而三地主動製造自我練習的
機會。漸漸的，這個五彩繽紛、多采多姿的世界在寶寶的眼中，
將不再只是雜亂的熱鬧和不成章法的炫目，各種事物將在寶寶的
腦海中，找到正確的定位和歸屬。如此，寶寶的生活會變得輕
鬆、自在，在這個花花世界之中，他也將懂得如何才能如魚得水
般，快樂地悠遊其間！

搭建家中溝通的橋梁

　　在一個溫馨和樂的家庭之中，溝通的定義，應該不僅止於單純的話語交流，而是一種自由自在，表達深刻情緒和意念的生活方式。這是一種幸福和快樂的家庭生活，更是一種人人都嚮往的親情境界！

　　本文即是《教子有方》為有心的家長們所整理出來，提升家中成員溝通層面的訣竅。

永遠將溝通列為第一優先的家事

　　1.首先，您要刻意安排一個家庭成員可以彼此溝通的時機。

　　2.您所選定的溝通時間，不能和其他的「大事」（例如黃金檔連續劇、球賽或是清掃工作）產生衝突。

　　3.在溝通之前，您要先「消除」容易使人分心的各種「引誘」（例如寶寶心愛的玩具火車和媽媽愛吃的瓜子）。

　　4.安排一個舒適的環境和氣氛。

　　5.隔絕各種可能的干擾（手機、電話、背景音樂等）。

學會做一位真正的聽眾

　　1.最重要、也是最具關鍵性的一點，是您要能夠摒除成見，打開心胸，不論聽到什麼駭人驚聞，都要做到先全盤接受，再將一切的判斷保留到以後。否則，您的孩子將會愈來愈不願意與您溝通，更加不喜歡向您「交心」。

　　2.邊聽邊以明顯的肢體語言（點頭、眼神、拍拍寶寶的肩膀，甚至於溫暖的擁抱等），來表示您的專注與在意。

　　3.善用沉默。以安靜的片刻，讓孩子有機會反芻自己方才說

出口的話。說不定他會在一段時間的「無聲靜悄悄」之後，自動改變了先前的想法。

4.仔細觀察孩子所透露出的「無聲語言」（例如害怕的表情、四肢發抖、冒冷汗等）。

5.不要忽略了孩子所使用的語氣和聲調，有時候出自寶寶口中的語句，會和他的聲調彼此矛盾（例如孩子會生氣地大吼一聲：「我沒有在發脾氣！」）。

栽培孩子的表達能力

1.給予寶寶足夠的時間，提出許多恰當的問題，鼓勵他「多說一些」、「再多說一些」。

2.試著在寶寶顯得辭不達意的時候，幫他說出心中的話。

3.用您自己的方式將寶寶的意見重複一遍，以確定自己沒有聽錯。

4.為寶寶的高見作個貼切的結論。

小心勿入禁區

1.不要在此時對孩子「說教」，要努力和孩子「說話」。

2.不要當場立刻下結論。

3.不要打斷孩子的話。

4.不要問「為什麼？」，即使是大人，也有許多不知道自己為什麼會如此行事思想的時候。

5.不要問寶寶是非題，「是」和「不是」的答案雖然簡潔，卻封鎖了親子間繼續溝通的管道。

6.不要欺騙孩子！即使是讚美，寶寶也不會相信的。

在良好的家庭溝通之中，孩子可以學會互愛、互信，對自己產生更深入的了解，更真誠地接受自己，懂得接納並使用好的建議和忠告。相對的，父母可以更進一步地認識自己的孩子，在互

動與共融的氣氛中，大量且自然的溝通，也會防止父母在教養子女方面出差錯。由此，親子雙方即可同心同步地，建立起一個互諒互敬、祥和溫馨，充滿了愛與幸福的甜蜜家庭！

 # 惡夢和夢魘

學齡前的兒童經常容易從睡夢中驚醒，這一是個十分正常的現象，家長們無需太過憂心。但是如果您對於寶寶在夜間沉睡中的經歷，能夠有一層深入的了解，那麼您即可幫助孩子平穩度過這個必經的成長階段，並且避免留下任何不良的後遺症。

心理學家們將幼兒的驚夢分為惡夢（bad dreams）和夢魘（nightmares）兩種，惡夢代表著孩子尚未失控的焦慮不安，夢魘則是當焦慮與不安完全失控時的一種表現。

惡夢

四、五歲的兒童常常容易作「惡夢」，您的寶寶是否也會在睡夢之中，想像著駭人的怪獸正沿著窗子爬進屋子裡來……？正在最緊張的時刻，四歲的寶寶突然睜開雙眼醒了過來，他滿頭大汗，心跳急促，深信不疑地以為方才的惡夢曾經真實地發生過。家長們在此時不需多言，更不必費心為寶寶解釋夢是假的，您只要好好安撫寶寶受了驚嚇的心情，溫柔地哄哄他，即可幫助他快快地重新入睡。

一般來說，寶寶會在五歲之前漸漸弄明白，原來夢境並不是真實，夢中的情景，只有他一人曾經親身經歷，外人是無從得見的。等到了六歲左右的時候，寶寶即會懂得，夢境其實只存在於一個人腦海中想像的深處，是屬於每一個人內在的一種境界。

夢魘

較之於惡夢，夢魘的發生較不常見。當幼兒處於夢魘中時，他會驚悚恐懼地在沉睡中尖叫、大哭或是渾身顫抖，如果沒有外人即時將他從夢中搖醒，回到現實生活之中，那麼寶寶將會繼續陷於自己的幻覺，久久無法自拔。

當這種夢魘發生在寶寶身上的時候，您可以輕柔地喚醒寶寶，打開臥房的燈，以和緩的話語及溫暖的擁抱為寶寶壓壓驚，您也許還需要為寶寶讀一本故事書，帶他到客廳或是陽台上去走一圈「醒醒腦」，直到寶寶轉移了注意力，他才能再度困倦入睡。

心理學家們認為，夢魘的產生來自於失控的焦慮不安，因此，要預防夢魘的發生，尤其是對於那些已有類似經驗的幼兒，家長們務必要努力清除一天之中，一切令孩子擔驚受怕的人、事、物，方能一勞永逸地幫助孩子掙脫夢魘的捆綁。

親愛的家長們，在讀完了本文之後，相信您已能從容地應付寶寶夜間睡眠不寧的各種難題，《教子有方》祝福您和寶寶，夜夜好夢連連，睡得香甜！

人多人少排行長幼各有利弊

每一個孩子個性和智慧的發展，或多或少都會受到家庭成員人數的多寡，以及在兄弟姊妹之間的排行所影響。親愛的家長們，不論您的家庭是屬於數代同堂的大家庭，還是人口簡單的小家庭，這些來自於後天無法改變的環境因素，對於寶寶所造成正面和負面的影響，都是您絕對不可輕忽的。

以下，就讓我們先從小家庭著眼，來探討這個既有趣又重要的課題。

二或三人行的小家庭

　　一般而言，身為簡單小家庭（爸爸／媽媽和孩子）的獨子，最為得天獨厚的一項優勢，就是這個孩子與成人之間高度的來往與交集，以及從中所衍生出成熟及睿智的思想。

　　然而，身為獨生子的困難，是他們容易變得以自我為中心，不顧他人的想法，他們也會比較內向不愛與人交往，嚴重一點的，還會產生一些充滿攻擊性與侵略性的行為問題。

　　也就是說，習慣與爸爸和媽媽二人或三人行的寶寶，他會有過人的聰穎頭腦及成熟的智慧，但是在社交方面，卻是比較不在行的。

　　身為獨生子的家長們，在有了這一層重要的認知之後，可以積極計畫增添家庭成員（再添一個孩子）。如果想要早日解決寶寶目前燃眉之急的問題，最好的方式，就是想盡方法多多為寶寶製造和其他孩童相處的機會。

　　此外，父母們也必須自制與刻意地小心，不要培養出一位「老氣橫秋」的寶寶！怎麼說呢？在您的寶寶還沒有準備好之前，請千萬不要讓孩子承擔成人世界中的各種壓力，舉凡日常家用賬目、婆媳關係，以及商場上的爾虞我詐等等，都是幼小的兒童還不需要面對的人生層面。至於一些事關重大、家中大人應做的決定（例如爸爸該不該換工作、家中是否需要貼牆紙、出國旅遊的地點等等），也請不要過早地交付在寶寶的身上。如此，一位生活中只有爸爸和媽媽的獨生子，才能保有孩童應有的純真與自然，不會因為過早踏入成人的世界，而不得不提早面對屬於成人的憂慮。

人丁興旺的大家族

　　相對於上述與父母二或三人同行的獨生子，生長於兄弟姊妹

眾多，或是數代同堂大家庭中的孩子，自然會比較懂得處處為人著想，比較能夠與人合作共事，也比較富有責任感。

根據學術研究顯示，在兄弟姊妹之中排行愈小的孩子，他的智慧智商（I.Q.）會比老大來得低，在求學的過程中所遭遇到的問題和困難，也會比老大來得多。但是研究學者們也發現到十分耐人尋味的一點，就是當兄弟姊妹彼此之間年齡的差距大到多於三歲以上的時候，上述不利於年幼弟妹的效應，即會自動的消失。

整體來說，家中子女眾多的父母們，所應自我期許的努力方向有三個重點：

1. 不要加諸過多的責任在年齡較大的子女身上。

2. 對於排行居中的孩子，要付出等量的關注與愛心。

3. 至於老么，則要多多給予學習獨立自主的機會，並且別忘了，也要讓他有機會和哥哥、姊姊們共同分擔家事，參與一家人的運作。

親愛的讀者們，請您千萬不要在讀完本文之後，立刻試著將大家庭和小家庭在心中較量長短、分個高下。事實上，每一種不同型態的家庭，都各自有其影響子女生長的利與弊，家長們只要根據現有的狀況，截長補短地為孩子營造一個優質的成長環境，那麼每一個孩子的智慧智商（I.Q.）和情緒智商（E.Q.），必然會因此而連連加分，占盡優勢。因此，不論您四歲的寶寶是獨生子，是領頭老大，還是末尾老么，在您細心和用心的安排之下，必能聰慧且自信地努力完成「成長」這一件了不起的大事業。

玩具會傷人

根據保守的統計，在美國一般的市面上，大約總共有十五萬種專為幼小兒童所設計的玩具，每一年出現在市場上的新玩具，

也有五千種之多。如何在為孩子選購時避免危險易傷人的玩具，是每一位家長都必須謹慎行之的大難題。以下是《教子有方》為讀者們所列出的一些基本原則，提供您在為寶寶淘汰不安全玩具時的參考標準。

- 不要為寶寶選擇超齡或低齡的玩具。
- 避免易碎不牢固的材質（例如薄的塑膠和玻璃）。
- 避免尖銳邊緣和鋒利的突出部分。
- 避免易燃物（如火柴、酒精）。
- 避免細小容易誤食或引起窒息的零件。
- 避免需要插電的玩具。

提醒您！

❖ 別忘了隨時解讀寶寶的心！
❖ 鼓勵寶寶多多的玩！
❖ 多和寶寶玩「一樣嗎？為什麼一樣？」和「不一樣嗎？為什麼？」的遊戲！
❖ 還要努力鍛鍊溝通的技巧喔！

迴 響

親愛的《教子有方》：

　　謝謝您創立了這麼一系列的兒童發展叢書，我從其中實在是獲益良多。

　　對於您所強調的親子互動關係，和有關於孩子自我意識的發展，我尤其感到深深的認同。

　　謝謝！

何珀
美國德州

第二個月

四歲的感覺如何？

四歲的幼兒最明顯且與眾不同的特質，就是他對於世界上「真實的」事物，所抱持的一股無法扼阻的強烈追求。每一件事情的真相，寶寶都會打破沙鍋問到底，每一樣物品的用途和使用方式，他也要身體力行親自驗證。整體說來，您四歲大的寶寶正努力汲取他能力範圍所及，一切「貨真價實」的知識。

真假莫辨？

然而，在寶寶追求真實的成長過程中，他仍然時常會在真實與想像之間迷失了方向，弄得自己和周圍的親人全都一頭霧水，啼笑皆非！

舉個最常見的例子來說，四歲的寶寶可能會繪聲繪影，仔細清楚地為爸爸說明，蚱蜢怪人是如何驚險萬分地逃出黑武士的魔掌，他會彷彿曾經親身經歷過一般，詳細描述每一個緊張懸疑的細節。聽得目瞪口呆的爸爸，請千萬不要懷疑寶寶的誠意，他絕對不是在故意「編故事」唬人，四歲的寶寶是打從心底深信不疑地認為，這一切全是真實的！

四歲的幼兒擁有「五星級的想像力」！正是因為這一份強而有力的想像力，您的寶寶在認知真實的學習中，經常會因為無法掙脫某些並不存在的思想範疇，而發生一些自我混淆的特殊現象。

因此，和現實生活脫節的虛幻故事和影視節目等，也都會雪上加霜地，令四歲的寶寶弄不明白何者是真、何者是幻！如果您的寶寶近來曾經觀賞過類似於時光隧道、隱身術或是巨人國、小人國遊記的節目或書籍，那麼家長們必須主動扛起幫助寶寶辨別真假的重任，經常地提醒寶寶「噢！小美人魚是編出來的故

事！」，但是「毛毛蟲可以變蝴蝶」則是千眞萬確如假包換的重要知識。如此，您才可幫助寶寶釐清「現實」與「幻想」之間的界線，引領寶寶早日通過「辨認眞實」的里程碑。

情緒抗爭

四歲的寶寶既然經常會無法避免地陷於「眞實」與「虛構」、「好」與「壞」，以及「對」與「錯」的對立之中，他的內在情緒必然也會因而產生相當程度的抗爭和衝突。正因爲如此，寶寶在目前這個年齡，也會不時做出一些令大人頗傷腦筋的行爲，並且製造出一些態度方面的問題。

這些外在的問題包括了與父母公然的對抗、不聽話、發脾氣、罵人、不肯乖乖的洗澡，甚至於夜間尿床等，家長們對於學前幼兒們這些不良的行爲如果沒有做好完善的事前準備，很容易會因爲四歲寶寶純屬正常的成長特色，而平白付出了許多有形與無形的代價。

不良行爲其來有自

親愛的家長們，在您採取行動「處置」「作怪使壞」的寶寶之前，我們建議您務必要時時提醒自己，四歲的寶寶目前正經歷著強烈的內在衝突，而大多數的衝突，來自於近來逐漸在寶寶心中所湧出的一些思想、情感、有能力的感覺，以及對於權威的好奇。您四歲的寶寶會傾全力試著將心中這些五味雜陳、百感交集的思路整理出個頭緒，他也會很認眞地根據千頭萬緒的各種經驗來修正自己。

然而，在這麼一個充滿挑戰的學習過程之中，寶寶必然不可能一蹴即成，也就是說，他必然免不了要犯錯，而且會犯許多的錯。不僅如此，在成人眼中看來，各式各樣無比愚蠢的錯誤，寶寶都會一而再、再而三地屢犯不爽。

您近來是否也經常被寶寶無法理喻的「頑劣」，而搞得頭昏腦脹不知如何是好？是否也會氣得在心中暗想，寶寶會不會是在故意跟您作對，想要引您發脾氣？

當您自覺忍耐已到極限，情緒已在崩潰邊緣的時候，請想辦法快快地想起來，置身於親子雙方情緒急湍亂流核心的寶寶，他其實正在認真努力地學習，如何才能更加正確和有效地改善自己的言行舉止，以能成功地自處於這個時而真實、時而虛幻的世界之中。

貼心的配方

要想平穩地帶領寶寶駛出目前所處的成長暴風圈，家長們必須做好三項重要的準備工作：

1. 為寶寶設下前後一貫、不相矛盾、嚴格但卻合情合理的行為限制。

2. 對於寶寶目前所處的成長階段，以及其內心的衝突，要有充分的了解。

3. 豐沛不絕，大量的愛。

親愛的讀者們，以上所列的這三種元素，缺一不可，而當您懂得成功地調製這帖貼心的配方之後，四歲的寶寶即可在您細心的「調理」之下，大膽放心地敞開胸懷，將心事和盤托出，逐一解開糾結纏繞的「千千結」，同時也學會如何以合宜得體的方式，來對付出自內心的種種鬱悶和不平衡。

甜蜜的鼓勵

正如西方諺語「蜜糖比酸醋更加有效」所指出，我們也鼓勵家長們在上述「貼心的配方」中調以香甜可口的蜜糖，隨時隨處以獎勵和讚美，來強調寶寶每一次的成功與優良的表現。

在「吃飯的時候不准站在椅子上！」和「哇！真不簡單，寶寶今天吃飯規規矩矩坐在椅子上已經有十分鐘了，真是棒極

了！」兩種說法中，親愛的讀者們，您必然也同意後者所傳達出的訊息，要較前者更為深刻、有效，容易為寶寶真心地接受。

　　總而言之，四歲寶寶的生命，正以精采絕倫、美妙無窮的方式，不斷地朝向更寬更廣的層次迅速膨脹。您的孩子不論是在身體、智慧、情感與社交方面，都會義無反顧地推陳出新，勇往直前。在這一段內容豐富的生命過程中，家長們全程積極的參與，不僅能滋潤寶寶的成長，更能增益父母自身的心性。親愛的家長們，現在，正是您大顯身手、發揮愛心、運用巧思教養孩子，同時藉機為自我的生命創造另一高峰的寶貴時刻，如此一舉兩得的大好機會，請您千萬要好好把握，不可錯過喔！

四歲了還尿床？

　　雖然，大部分的幼兒早已在四歲以前就揮別包尿片的歲月，但是父母們還是要有寶寶偶爾會尿床的心理準備。

　　根據統計，即使是上了小學之後，尿床這個惱人的問題，仍然會發生在大約百分之十的學童身上。令人訝異的是，在這一批上了小學仍會尿床的兒童之中，男孩子的數目足足是女孩子的三倍，而在這些孩子中，又有大約在百分之一的人會在長大成人之後，仍然無法擺脫這個多年以來的「積習」！

　　除了夜間尿床之外，也有許多孩子在年滿五歲之後，還經常會在白天清醒的時候尿褲子。這種令大人和小孩都十分尷尬的情形，通常會在孩子緊張、害怕、過度興奮和放聲大笑的時候發生，然而有的時候，也可能只是單純的因為寶寶實在是玩得太高興、太忘我，而渾然不覺自己的生理感受，忘記了該去上廁所。

　　幼兒夜間尿床的原因包括情緒上的壓力（例如：初次離家在外過夜、親人過世或父母離異等），和下列許多其他生理上的因

素：

　　1.孩子的膀胱可能還沒有發展到足以容納整夜尿量的程度。

　　2.肌肉的控制和反應也尚未達到能夠成功地「禁尿」的階段。

　　3.某些孩子也許有賀爾蒙不平衡的問題。

　　4.有些孩子也可能是因為過度的沉睡不易醒，而導致夜間尿床。

　　沒有任何一位家長，能夠在三更半夜被一個渾身尿濕的孩子吵醒了之後，還能毫無怨言地起身更換並清洗孩子的衣物、床單和被褥。同樣的，沒有任何一個孩子喜歡被「尿」驚醒的難過、不適和不知所措的感受。有些父母會採取嚴厲或是羞辱性的懲罰（例如堅持不為孩子更換衣物、被褥或是為寶寶兜上尿片等），不幸的是，這些處置不但無法阻止孩子再度尿床，還有可能使這個問題變本加厲地愈演愈烈，弄得大人和孩子都不知該如何收場才好。

禦尿術

　　以下我們為深受寶寶夜尿之苦的家長們提供一些實際的建議，幫助親子雙方早日脫離尿床的困擾：

　　1.在絕大多數的情形之下，對於幼兒偶爾在夜間尿床的「狀況」，家長們不妨儘量以平常心待之。換句話說，請千萬不要以任何的方式來處罰寶寶，相反的，請您要以客觀的態度，就事論事地來和寶寶討論這件事。例如您可以平鋪直述地對寶寶說出心中的想法：「寶寶你尿濕床單了嗎？天氣這麼冷你一定很不舒服，快，我們來換上乾淨的衣服。」或「唉！三更半夜換床單洗被子真痛苦，寶寶你可以幫幫忙嗎？」

　　2.假如在一週之內寶寶連續發生了兩至三次尿床的意外，那麼家長們應當運用常理來檢討與衡量此事的來龍去脈，「寶寶睡

覺之前是否喝了太多的水？吃了太多的西瓜？」或是「睡覺之前是否忘了上一趟洗手間『出清存貨』？」然後再對症下藥，澈底根除這個問題。

3.如果上述兩種方式都不管用，那麼家長們可以試著採用「乾床訓練」（dry-bed training），也就是在寶寶入睡之後固定的時刻（例如父母就寢時，或是四個小時之後），刻意地喚醒熟睡中的寶寶，帶他去使用一次廁所。如此一來，寶寶也許能養成半夜自動起床使用廁所的好習慣，進而杜絕了尿床的意外。

4.如果上述第三種方法仍然不奏效，那麼家長們可以考慮為寶寶購買一個「尿床警報器」。這套儀器中包括了一片只要稍微潮濕，即會發出警鈴，吵醒寶寶去上廁所的床墊。一般來說，容易尿床的幼兒在經過幾次「尿床警報器」的訓練之後，通常都會漸漸地「戒掉」這個頑劣的「惡習」。

5.在實在沒有辦法的情形之下，家長們可以請教小兒科醫師，考慮以藥物來控制這個令人傷腦筋的問題。唯一必須注意的是，在使用此類的處方藥物之前，家長們應先對藥物的效用以及一切有可能產生的副作用，作個通盤的研究與認識。

不論您最後決定所採用的是何種的「禦尿術」，請千萬要記住，絕對不可因為寶寶尿床而處罰他，四歲寶寶幼嫩的心靈是敏感和脆弱的，不論是罵還是打，您都會對寶寶造成深刻且嚴重的傷害，增加他心中的恐懼和焦慮，反而會造成一個令寶寶更加容易尿床的惡性循環。

別忘了，大約有四分之三到了四歲還會尿床的孩子們，會在沒有任何外力的干預和治療的情形下自動「痊癒」。即使是其餘四分之一的「倔強尿床兒童」，假以一段時日，等再過幾年之後，他們尿床的「惡習」也會自然而然、逐漸地消聲匿跡，不再重犯。因此，假設您近來也正為寶寶夜間的尿床事件而煩惱不已，那麼《教子有方》願意在此大聲地安慰您：「別緊張，別擔

心，寶寶尿床雖然引出生活中更多的清洗工作，但是這並不表示孩子的成長有何不正常之處，等他再長大一點，眼前這一切的煩惱，全都可以迎刃而解囉！」

 # 社交心理發展

近年來許多教育工作者和心理學界的人士，都漸漸開始重視幼兒在社交心理發展（psychosocial development）方面的成長。所謂的社交心理發展學，指的是針對幼小生命在融入外在社交圈時的心理學研究。可想而知，這一門學問所涵蓋的範圍相當的廣泛。

在研究社交心理發展的學者之中，著名的心理分析家（psychoanalyst）艾瑞克森（Erik Erikson）是公認的佼佼者，近代許多有關於這一方面的知識，都是來自於他的研究與理論。

根據艾瑞克森的理論，每一個人在生命全部的過程中，都會經歷到八種不同階段的社交心理發展。而在每一個不同的發展階段中，都存在著某種無從避免的「危機」（crisis），這些危機其實正是轉機，激勵並挑戰每一個成長中的生命，同時也為下一個階段的發展舖設藍圖！

我們將在本文中為讀者們介紹艾瑞克森的理論中，有關於幼兒社交心理發展的前三個階段，幫助家長們透過了解，而更加成功地勝任為孩子建立完善社交人格的重大任務。

第一階段：信任還是不信任！

根據艾瑞克森的理論，人類生命所遭遇到的第一項危機，在於小嬰兒是否能夠在一歲之前成功地培養出一份信任感。

如果一個小嬰兒身體（例如吃、喝、拉、撒、睡）及心靈

（例如喜、怒、哀、樂）雙方面的各種需求都能經常即時地得到滿足，那麼這個小小的新生命，即可順利地發展出一份強而有力的信任感。

因為有了這層穩固的信任感，寶寶會大方和開放地展開他在外在環境中各式各樣的實驗與學習。

相反的，在襁褓時期身心所需經常得不到滿足、缺乏親人們的關懷、對於親情與愛心皆感陌生的小嬰兒，他對這個世界所發展出最原始、也是最初步的感受，不是信任，而是清清楚楚、明明白白的不信任。

第二階段：自立自強還是自我貶抑？

當一個生命學會了如何信任外在的人事之後，他即可成功地進階到艾瑞克森理論中，第二個社交心理發展階段。在這一個階段之中，寶寶會以自立自強（autonomy）為終極的努力目標。

寶寶會開始對於「我」、「我的」、「給我」等字彙的意義產生貼切的了解，並且努力藉著這些抽象的意識，在具體的自治和獨立方面逐漸進步。

因此，如果一個剛剛進入第二階段的孩子，他的行為舉止全都受到家人密切的監控，絲毫不需自己費心出力，也絲毫不容許出軌，一旦發生差錯，動輒受到嚴厲的處罰，那麼這個孩子不但不會通過自立自強的挑戰，反而會因為這項危機，而轉變出艾瑞克森理論中一種帶著羞恥（shame）和懷疑（doubt）的自我貶抑心理狀態。這種自我貶抑在目前還不會發生任何的效應，但是等到寶寶長大之後，卻會成為許多嚴重心理問題的根源。

第三階段：主動出擊還是自我譴責？

處於這個階段中的小小生命必須在主動出擊（initiative）和自我譴責（quilt）這兩種不同的社交心態中，做出重大的抉擇。

　　大部分四歲的孩子，如果之前曾經成功地發展出完整的自立自強心態，那麼他會毫不遲疑地以主動出擊的方式來拓展視野，仔細地研究他的世界。

　　親愛的家長們，請記住，您的寶寶目前努力學習的首要目標，就是要決定自己可以成為哪一種類型的人。

配備齊全

　　如果家長們稍加留心，仔細地觀察，必然不難發覺，四歲的寶寶目前所擁有令他得以主動出擊的方式走入人群的配備，還真是不算少喔！

　　首先，寶寶近來大量增長的詞彙和快速進步中的表達能力，已使他能夠在任何時間、任何地點、對於他所感興趣的任何事物，提出一個接一個，多得問不完的問題。

　　此外，四歲幼兒的行動能力也是十分了不得的，他可以隨心所欲利用自己的方式，自由自在地勘察他所身處的外在世界。

　　更重要的一點是，寶寶近來所發展出的認知能力，也已足以使他大幅地拓寬想像的空間。在他小小的腦海之中，他可以搖身一變，立即成為另外一個人、一個動物或是一件物品。

有模有樣採取主動

　　家長們如何能夠確定，自己的寶寶已成功地踏入了主動出擊的發展階段呢？這其實一點兒也不難，您的寶寶必然會在舉手投足和眼角眉梢之間，不經意地透露出他目前的社交心態。現在就讓我們一起來瞧瞧四歲的寶寶！

　　1.您會發現寶寶近來只要是提到他自己的時候，如果不是在自吹自擂他新學會的本事，就是在自鳴得意地述說他所擁有的「財產」有多少。例如寶寶會主動地對一個初次見面的玩伴說：「我可以跳這麼高！」（同時還用手比出一個比自己還要高的高度），他還會不打自招地逢人就說：「我有一輛三輪腳踏車！」

2. 此外，假如我們讓一位兩歲的孩子和您四歲的寶寶一起玩搭積木的遊戲，那麼您將能夠恍然大悟地一眼看出，處於主動出擊階段的四歲寶寶不需要任何的鼓勵，他會自己將積木一塊一塊搭成一個高高的積木塔，但是自立自強的兩歲幼兒，卻會一動也不動，睜著雙眼，伺機一掌打垮積木塔。

3. 主動出擊的寶寶目前所發動的每一項「行動」，都是有目的的。也就是說，他不再只是像過去一般單純無心機地做一些事，盲目地試試看後果為何。四歲的寶寶的行為舉止大多是有原因的，他知道自己在做什麼，目的是什麼，身旁的人也經常能夠輕易地看出他的動機為何。

寶寶能從每一項的過程中得到極大的自我滿足和快樂，並且對於他的成就會感到十分的驕傲和自豪。

4. 一份主動出擊的社交心態，再加上似乎永遠使用不盡的無窮精力，四歲的寶寶目前幾乎是看到什麼都想要學。

爸爸修水管、換電燈泡，媽媽包水餃、縫釦子、打電腦、發傳真、貼郵票等各種各樣生活中常見有趣的事，寶寶每一樣都會爭先恐後地試著學學看。他熱切的心意往往令他看不到自己每一次的失敗，而能夠跌倒了再爬起來，努力不懈地一再嘗試。

親愛的家長們，以上我們所描繪的這些特質，是否和您四歲的寶寶有許多相似之處呢？沒錯，您的寶寶目前確確實實是處於主動出擊的社交心理狀態。在欣慰慶幸之餘，也請您要隨時提高警覺，小心留意，預防寶寶在主動出擊的課目上敗下陣來。

節節敗退，潰不成軍？

在寶寶信心飽滿高唱「我現在要出征！」的社交心理發展過程中，如果不幸出師不利吃了敗仗，那麼根據艾瑞克森的理論中，寶寶會發展出一種深刻的罪惡感，他會自怨自艾，以譴責自我的方式來面對挫敗。

愛子心切的您一定會急著問，為什麼寶寶會吃敗仗呢？

一般說來，寶寶心中的挫折感多半來自於重複發生的失敗，而在這些失敗的經驗中，有許多都是源自於家長們為寶寶所設過高的期望。也就是說，主動出擊的寶寶自己所選擇的挑戰對象，通常都不會困難到屢屢嘗試都無法成功的地步，但是求好心切的父母們，卻很容易一不小心即為寶寶訂下一個他無法跨越的高門檻，令孩子嚐到深刻的挫敗感。

保護過度的家長們，也會使孩子在試著踏出獨立的腳步時，感覺到自己彷彿是犯罪一般地背叛了父母的關愛。此外，對於子女要求嚴格、過分的一絲不苟，以及在處罰孩子時十分激烈極端的父母們，也很容易在孩子幼小的心靈中投射下「罪惡感」的陰影。

為寶寶的成長護航

親愛的家長們，如果您想要寶寶早日通過主動出擊的社交心理階段，並且避免陷入自我譴責的「險境」之中，那麼您不妨參考以下我們所列出的幾項簡單但實際的建議：

1.為寶寶提供各式各樣需要動動手、動動腦來建設的玩具（例如拼圖、積木、黏土、沙堆等），為他提供多采多姿、主動積極的學習經驗。

2.鼓勵寶寶在玩耍時大膽探尋新知，並且主動友善地與人來往。

3.對於寶寶的每一項成就，即使在大人眼中是沒什麼稀奇的表現，您都要大方地給予適當的褒揚和鼓勵。

4.最重要的一點，在寶寶失敗的時候，您要安慰他、陪伴他、鼓勵他，並且幫助他鼓起勇氣再試一次。

5.此外，當您發現四歲的寶寶偶爾在言行舉止方面產生了偏差，變得激烈暴躁，對人十分的不客氣時，也請先別急著斥責

他。不妨多以您的耐心和愛心來為寶寶的成長護航，引領他平順地完成現階段的社交心理發展目標。

四歲的寶寶在正式入學之前所發展出的強烈主動出擊社交心理，將成為下一個階段發展的重要基礎。他必須擁有強固的自信、理性的自尊與感性的自愛，如此，在面對未來種種生命中所必定會發生的困難和挑戰時，才能以強勁的生命力與旺盛的成功動機，大膽迎擊，順利過關。

親愛的家長們，別忘了和《教子有方》一起，隨時為寶寶高喊：「加油！加油！」

打入四歲寶寶的玩耍天地

在每一個人的一生之中，扮演啟蒙師角色的父母，不僅是他第一位老師，同時也是最重要、影響最深遠的一位老師。四歲的寶寶目前正處於一種經由大量玩耍而學習的成長階段（詳見第一個月「您的寶寶玩得夠嗎？」），愛子心切，同時身為寶寶啟蒙師的您，該如何才能在寶寶的遊戲玩耍之中，繼續以「孩子王」的姿態，來引導寶寶的學習方向呢？

《教子有方》將在本文中為家長們介紹四種不同的親子遊戲，幫助您了解四歲寶寶的玩耍模式，並且有效與成功地勝任孩子良師益友的重要職位。

先看看媽媽怎麼玩

這一種玩耍的方式又稱為「觀察式親子玩耍」（observational play），玩法很簡單，就是由家長親自玩給寶寶看。例如拼湊一個立體的拼圖、在紙上畫一隻大恐龍、用積木搭出一棟小木屋，或是摺出一艘小紙船等，家長們都可「神乎其

技」地玩給寶寶看。

　　一般的情形，是由父母先主動招呼寶寶：「來來來，寶寶來看媽媽將這個『8』字形的火車軌道搭起來。」然後在寶寶全神貫注饒富興味的觀察之下，父母可以打開整套的玩具，按照說明將火車軌道搭好。這整個過程大約可以持續三到五分鐘之久，爸爸或媽媽如果想要延長寶寶在此事上的注意力，也可以間歇地問寶寶一些問題（如：「寶寶你看看媽媽，做得和圖片上畫得像不像？」）或是提出一些意見（如：「唔！我們待會兒來試試小火車跑得快不快！」）。然而在大部分的過程之中，都是父母忙著動手，沒有解說，四歲的寶寶則是仔細地觀察。

　　觀察性玩耍顧名思義，就是要培養寶寶敏銳的觀察力和持久的專心和注意力。家長們的工作很簡單，就是一遍又一遍，反覆認真地玩給寶寶看。

讓媽媽教你玩

　　在這一種的玩耍方式之中，父母的角色是台上講課的老師，而寶寶則是台下受教的學生，因此，我們也稱這種玩耍是「教學式親子玩耍」（instructional play）。這一型的親子互動，經常發生在寶寶第一次玩一樣新玩具的時候，父母們不僅要先玩一遍給寶寶看，同時還要以寶寶所能了解的方式，為他逐步說明每一個步驟的玩法。

　　延續上述搭建火車軌道的例子，家長可以說：「嗯！這一塊軌道有一個交叉的地方，那麼一定是放在『8』字形的中央。」也就是說，家長們除了動手玩給寶寶看之外，還要將您的思考路線清楚地解說給寶寶聽！

　　如此，家長們可以藉著「大人教，寶寶聽」的方式，教會寶寶一樣全新的本領和技巧。當然囉，在您「口沫橫飛」地解釋完畢之後，請別忘了要讓寶寶自己動手試試喔！

來，我們兩人一起玩

當寶寶的玩耍能力已經達到某種程度的時候，父母們可以主動邀請寶寶一起加入，平行地參與遊戲的過程。雖然家長們免不了會勝過寶寶許多，但是這種玩耍的方式，需要的是親子雙方機會均等的合作，或是輪流，或是分工，您和寶寶應該處於一種「互動式的玩耍」（interactive play）氣氛之中。

您可以鼓勵寶寶：「來，我們拼這一幅拼圖，寶寶負責十片，媽媽負責十片！」並且隨時不忘肯定寶寶每一次的成功：「不錯，這塊拼圖的確是放在這個角落，寶寶拼得很好！」

寶寶自己試試看

在這一型的親子活動之中，寶寶所採取的是完全自主的角色，他可以自由選擇遊戲的種類，決定遊戲的規則，並且獨當一面地指揮整個遊戲的進行，因此，我們稱這種活動為「自主式玩耍」（self-directed play）。

家長們可以對寶寶說：「寶寶，你說我們今天玩什麼遊戲好呢？」然後在寶寶做了選擇之後，問寶寶：「好啊，搭積木！搭什麼呢？」並且鼓勵寶寶發號施令：「媽媽搭圓形的？還是方形的？」

除了儘量把機會讓給寶寶，儘量容許寶寶充分的自由發揮，並且努力低調保守地配合寶寶、順從寶寶之外，家長們也要能在寶寶快要出錯，尤其是即將受傷或是傷害他人之前，即時出手中止一切的活動，避免不幸意外事件的發生。

不知該從何玩起？

在了解了以上四種完全不同的親子活動之後，您也許會問：「該在什麼時候，使用哪一種方式較為恰當呢？」

基本上說來，如果家長們能夠把握住以下兩項大原則，那麼在選擇親子活動的進行模式時，即可大致不離譜了。

原則一

當寶寶遇到全新或是十分困難的遊戲「作業」時，他必然會需要大量的指導和協助。相對的，愈是內容熟悉的遊戲，也就愈合適寶寶以自主式玩耍的方式來進行。

在此我們想要強調的一項重點是，在自主式的玩耍中，寶寶可以真真正正地學到許多的知識與技能，因此，當寶寶專心其中「埋頭苦玩」的時候，如果家長們不小心打斷或是中止他的活動，那麼對於寶寶的學習而言，必然會造成極大的不良效果。

原則二

家長們在玩耍中對於寶寶的教導，必須是在寶寶想玩、有心向學的心態之下進行，寶寶的學習方能真正地落實扎根。

也就是說，如果寶寶看起來興味索然，一點兒也不想玩，或是精神渙散疲倦，那麼您此時所能做出最正確的決定，就是中止眼前的玩耍與教導，讓寶寶休息一下，過一會兒再玩，或是更換一個主題，重新引發寶寶的興趣。

同樣的，假若身為老師的您當時心情惡劣，既沒耐心也沒有興趣和四歲的寶寶玩遊戲，那麼所有的教學親子活動，最好全都重新擇期再教。如此，才能真正達到師生皆盡歡、教學兩相宜的理想境界。

常見的情形是，通常同一種遊戲很可能會被親子雙方依序採取觀察式、教學式、互動式以及自主式四種不同的方式來進行。例如當寶寶初次學著玩遙控小汽車的時候，爸爸媽媽可以先玩幾遍給寶寶看，讓寶寶在一旁拍手叫好（觀察式），然後，家長們可以解釋給寶寶聽：「瞧，推這個按鈕，小車會往前，拉這個按鈕，小車會後退。」（教學式）。接下來，家長可以邀請寶

寶:「要不要試試看？我們兩個人可以輪流玩！」（互動式）。
最後，家長們即可放手任由寶寶發揮：「寶寶說我們該怎麼玩
呢？」（自主式）。到此，寶寶必然已能將這輛遙控小汽車玩得
爐火純青，生動出色了呢！

　　總而言之，在寶寶逐漸由一位被動的觀察者，進展成一位主
動參與者的過程中，家長們必須小心拿捏自我的尺度和分寸，才
能夠合時合宜地打入寶寶的遊戲世界，在玩耍中繼續引導孩子的
成長。

一份一生享用不盡的禮物

　　有一份珍貴且能延續一生的禮物，每一位父母都能送給四歲
的寶寶，那就是培養寶寶喜愛閱讀的好習慣。

　　我們的意思並不是要鼓勵家長們訓練出一位幼小的「書蛀
蟲」或是小小「書呆子」，因為有許多的學術研究結果早已告訴
我們，年幼的寶寶雖然可以在外力的推動之下，早早就開始學習
閱讀，但是稚齡幼兒其實並不需要那麼早就開始「K書」！比方
說，科學研究已發現，對於不足十歲的孩子來說，「晚讀者」在
閱讀方面的能力不僅能夠輕易地追上「早讀者」，甚至於有許多
的「晚讀者」他們不論是認字閱讀的技巧，或是解讀文意的能
力，反而會後來居上，快速地超前「早讀者」。

　　我們在此所想要強調的是，四歲寶寶的家長們可以利用一些
有效的方式，激發孩子對於書本及文字的喜愛與興趣。父母們一
旦能夠引導寶寶在目前這個年齡對書本產生好感，即已成功地為
孩子未來的生命，開啟了一扇通往一個美妙國度的大門，在那個
國度之中，充滿了喜樂、知識和歡愉，正如古人所說：「書中自
有黃金屋和顏如玉。」書中的世界，浩瀚無窮，引人入勝，將為

寶寶未來的一生帶來源源不絕的智慧、心靈的滿足以及無與倫比的快樂。

借書、買書

為寶寶養成愛書習慣的方式有很多，首先，您必須要幫助寶寶學會如何為自己挑選一本精采有趣的書。勤帶寶寶上圖書館逛書店，鼓勵寶寶自由選擇一些他覺得喜歡的書，在可能的範圍之內，您還可以讓寶寶自己辦理借書手續或是付錢買書，讓寶寶從參與之中深刻地感受到書的特別氣質。

唸書

其次，家長們也可以從每天繁忙的生活之中，抽出時間固定地為寶寶讀幾本故事書。不論是早飯前、午睡醒來或是洗澡之前，任何時間都可成為親子共處的閱讀時間，您必須要勉力為之，不可偷懶藉故取消，也不可敷衍了事邊看電視邊為寶寶唸書，更不可以在為寶寶唸書唸到一半時因為電話鈴聲突然響起，就趁機提早「散場」……。請記得，只要您能夠持之以恆，日積月累地堅持下去，這些目前您所投資的時間和心意，在寶寶未來一生的歲月之中，將不止於十倍、百倍，甚至於千倍地大豐收喔！

送書

在特別的日子裡（生日、過節、出門旅遊……等），買一本書當作禮物或紀念品送給寶寶，讓他知道您對於書的重視及珍惜。

建立一個閱讀的角落

在您的家中選擇一個適當的角落，為寶寶安置一張舒適的椅

子，良好的燈光，一個兒童尺寸、寶寶可以自由取放的書架，以及大量的閱讀物（圖書畫、雜誌，甚至於卡片、相簿……等），讓寶寶隨時隨地，只要他想讀書即可毫無阻礙、輕而易舉、自由自在地，悠遊於他小小的書香天地之中。

家長們必須刻意在寶寶目前這個年齡，為寶寶的書架上準備多元化、不同主題、不同形式的閱讀物。一起逛書店、上圖書館或是在友人家作客的時候，您也可以細心留神在一旁默默觀察，對於寶寶特別喜愛的書籍，不妨考慮為他購買，成為家中小圖書館中的固定資產。

如此一來，寶寶不僅可以感受到他在家人心目中所占的重要地位，更可以直接體驗到父母們對於閱讀的重視，在他小小的心靈中，也就自然而然會產生出一種喜歡閱讀的渴望與動機。

以身作則

最後一點，也是最重要、最有效的一點，那就是要讓孩子能夠耳濡目染父母對於閱讀的熱愛與認真。親愛的家長們，請您要養成每日閱讀的習慣，拿起一本書，泡上一杯好茶，和寶寶一起坐下來靜靜享受字裡行間中所湧出的美好喜悅。此時此刻，您無需多言，聰明的寶寶已能全然體會出閱讀的無窮樂趣，並已全心嚮往早日追隨您的腳步，投身於這個他將一生一世取之不盡、用之不竭的曼妙天地之中。

 # 電視的魔力——三之一

根據保守的估計，生長在美國的每一個孩子都看得到電視，而每一台電視機每天開機的時數至少都有六個小時。

近年來的一些統計數據也指出，雖然每個家庭的生活作息都

不盡相同，但是學齡之前的兒童每天看電視的時間平均是二至四個小時。此外，在兒童入學之前，他們每天花在電視機之前的時間，也會隨著年齡的增長而逐漸增加。一般來說，小學一、二年級的學童，每天看電視的時間也最長。

最最令人吃驚的分析結果是，平均說來，當一個孩子從高中畢業的時候，他一生中花在讀書課業方面的時間大約是一萬二千小時，而花在看電視上的時間，卻超過了一萬八千小時！不幸的是，在他一生之中與父母共處的時間，更是遠遠不及他看電視的時間。

親愛的家長們，一個孩子未來一生看電視的習慣，來自於這個孩子在兩歲半到六歲之間所養成的習慣。因此，如果我們無法將電視機排除在生活之外，那麼如何培養孩子正確、健康、有益身心的看電視習慣，即成為每一位家長絕對不可輕忽的一項重要的教養課目。

好處知多少？

兒童看電視的好處有多少呢？首先，優良的教育節目有時的確可以增加幼兒對於外在世界的了解。以風行美國數十年歷久不衰的兒童節目「芝麻街」為例，三歲大的幼兒如果經常收看「芝麻街」，他們的語言字彙，會比完全不看「芝麻街」的孩子豐富得許多。

值得家長們警惕的一點是，如果三歲的幼兒所看的電視節目並不如「芝麻街」一般，是專門設計來激發孩子社交、認知以及

語言方面進展的節目，那麼這些孩子的語言字彙也並不會有任何的長進。

此外，由於「芝麻街」節目的一個重要的訴求重點，是鼓勵多族裔群體的共融，所以收看「芝麻街」長大的孩子，日後也較能成功地結交不同膚色與背景的朋友。

由此，我們知道，看電視所帶給幼兒的好處，純粹來自於優良且專為兒童精心設計的節目內容，家長們在為孩子篩選電視頻道時，不可不多從幼教的角度，來衡量電視內容對於子女所帶來的影響。

最後，提醒家長千萬不要陷入「看電視有益孩子心智」的迷思之中。不論以上所舉證的優點有多少，仍然有許多的幼教專家們認為，兒童花在看電視上的時間，原本可用來參與更具創造性質的遊戲，以及對於身心發展更有建設性的活動。那麼，即便是收看優質的教育節目，孩子的得與失又該如何來衡量呢？

電視暴力

在看電視所導致的許多不良後果之中，最嚴重、也最值得家長們全力杜絕的一項，就是來自於電視暴力的深遠副作用。根據數十年的學術研究，以及數屆美國公共衛生局局長（Surgeon General）和國家心智健康總署（National Institute of Mental Health）的確認，各方面的資料全都強而有力地指出，電視暴力和兒童的攻擊行為之間，有著十分密切的直接關聯。

一般來說，黃金時段電視節目中有百分之八十的內容含有暴力的成分，而暴力畫面出現最為頻繁的節目不但不是成人動作片，反倒是兒童卡通片（每三分鐘即會出現一次含有暴力意味的鏡頭），這些數字還不包括「言語暴力」！

最令人痛心的一點，是學齡前觀賞含有暴力內容的幼兒，要比同年齡不觀看暴力卡通的孩子更會推人、踢人和掐人的脖子。

更嚴重的是，孩童所觀看的電視暴力愈多，他自身的行為也就愈具有攻擊性。

此外，電視暴力對於兒童所產生的影響是十分長久和深刻的。已有研究結果指出，一些成人所犯下嚴重的罪行，竟可追溯至他們在八歲時所觀看的暴力電視節目。亦有另一研究發現，觀看電視暴力節目，會令幼童對於暴力行為所加諸於他人身心雙方的痛苦，感到十分的麻木。不論是本質善良或是本質凶暴的孩子，都會受到電視節目的暴力內容所煽動，而在不知不覺中養成以暴力來解決問題，擺平一切的習慣。

總而言之，大部分的電視暴力都是以勝利者的姿態出現，並且最終都能滿足觀賞者心中對於劇情的許多渴望。對於成長中四歲的寶寶來說，電視暴力是有百害而無一利的。

在討論了電視暴力之後，我們會繼續在下面兩個月中為您詳述電視倫理、性別角色認知、食品廣告，以及電視對於兒童認知能力的影響。然後，我們會為父母們規劃出一套有效的電視防禦法，作為您幫助孩子應付電視這位亦友亦敵的現代生活寵物的參考。

親愛的家長們，請您務必要拭目以待，逐月閱讀喔！

提醒您 **！**

❖ 別忘了四歲寶寶一切的「不良行為」都是有原因的。

❖ 別讓寶寶從主動出擊的社交戰場上敗下陣來。

❖ 慎選和寶寶一同玩耍的最佳方式。

❖ 鼓勵寶寶多讀書，少看電視。

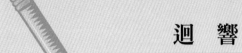

迴　響

親愛的《教子有方》：

　　訂閱了貴刊真是一件令人高興的事，從《教子有方》之中，我懂得了我唯一的孩子。

　　謝謝您的幫助，我獻上十二萬分的感激！

況黛波
美國猶他州

第三個月

造就一個不需修理的好孩子

對於許多家長們而言，管教子女，是爲人父母的許多職責中最爲困難、也是最常做不好的一部分！

中國人自古即有明訓：「養子不教，父之過。」如何拿捏管束教導鬆與緊的分寸，是每一位父母心中都存在的一個超大形的問號。是不打不成器，嚴父出好子呢？還是應該以愛的教育，苦口婆心諄諄教誨？

在寶寶的成長過程中，每天所要「犯下」各種大大小小、千奇百怪的「錯事」，父母們必須懂得如何處理。每一次寶寶犯錯的時候，都是一個絕佳的教育時機，父母們必須能夠伺機而行，好好把握，不可錯失幫助孩子好上加好的機會。親愛的家長們，要知道，不論是大人還是孩子，在成長的過程中請千萬不要害怕出錯，因爲經過每一次的錯誤，我們得以檢視自我，發現弱點。只要能夠勇於面對自己的錯誤，主動且積極地修正自我，那麼如果不是重複犯著相同的錯誤，在每一次的錯誤之後，我們自是朝著「完美」的境界又向前跨出了一大步！

全天下每一位爲人父母者，都希望自己的子女長大之後能夠成材，能夠爭氣，能夠做個正正當當的「好人」。我們也希望自己的孩子將來能夠懂得如何在不傷害他人權益的情形下，爭取並且維護自己的需求、權利以及想法。也就是說，父母們眞正希望見到的，是孩子能夠擁有自動自發的自我約束能力，而不能只是長久一味地依賴著外力的約束和規範。因此，管教子女的眞正定義，應該不是處罰子女的方式，而是父母們爲了孩子目前以及未來的益處，所做出的一切「好事」。

管教子女的最終目的，是要調教出一個完全不需修理的好人。

　　這不是一個狹小的目標，要達到這個目標更不是一件容易的事。許多父母們在處理寶寶的行為問題時所使用的方法，很容易錯誤地養成孩子安於被控制的習慣，在這些孩子的心中始終存在著一道安全的防線，那就是父母的懲戒與處罰，他們無需擔憂自我的生命，只要棲身於防線之中，一切都將是美好的。

　　現在，沒錯，就是現在，寶寶剛滿了四歲，正是父母們幫助寶寶學習並且養成自我管理習慣的大好時機。親愛的家長們，我們將在本文中為您逐一深入介紹十項大原則，作為您調教子女的得力好幫手。

言教不如身教

　　這是一個人人皆知的簡單道理，最好的教育，就是以自身的行為作表率！四歲的寶寶無時無刻不睜著雙眼緊盯著父母的一舉一動，因此，家長們只要設下良好的榜樣，孩子自然而然會有樣學樣，照單全「學」。

　　假如您當著寶寶的面，對人說謊（明明是起晚了，卻對人說：「對不起，路上堵車所以遲到了！」），那麼，寶寶有一天一定也會說謊。如果家長們在寶寶動手打了玩伴之後，用打手心的方式來處罰他，那麼在寶寶的腦海之中必然會產生出：「嗯，打人手心是件合理，可被人接受的行為。」同樣的，假如您對寶寶付出關心與真情，對他噓寒問暖，照顧身心一切所需，那麼寶寶也必能學會以同樣的方式，去對待其他的人。

　　親愛的家長們，生兒育女本就是生命的延續，這些繼起的生命將成為良性的承傳，還是惡性的循環，就全憑您目前為寶寶所設下的典範囉！請您務必要為了寶寶的一生著想，在每日的生活中，奮力將您最美好的一面完全呈獻出來。

公平合理

　　在您必須要「修理」寶寶的時候，請務必做到公平合理「論罪量刑」，同時，也請別忘了一定要給寶寶一個公平的審判，並且提供他足夠的申訴機會。

　　想想看，如果寶寶弄壞了一件十分貴重也十分心愛的玩具，損失玩具這個事實的本身，不正已是相當嚴重的懲罰了嗎？此時，您不需要再以任何的方式，多此一舉地處罰寶寶了。也就是說，家長們不必再多說：「你活該，太不小心了！」或是「早就警告過你，誰教你不聽話呢？」之類多餘的話，別小看四歲的寶寶，他的心中早已全都明白了！

　　相反的，此時此刻假如您能夠溫和並富於同情地對寶寶解釋，之所以您過去時常提醒他要當心，正是為了要幫助他防止弄壞了玩具，以避免此時難受的感覺。這麼一來，您不僅沒有雪上加霜地處罰孩子，使他的心情更為低落，反而能令寶寶在一種窩心的安慰中，重新咀嚼您過去時常提醒他的一些話語。也許，下一次在他弄壞玩具之前，寶寶即會比較能「聽得進去」您對他的「警告」了。

設身處地為寶寶著想

　　下一次，在您要修理或是處罰寶寶之前，請別忘了要先切實地想像一番，當您處在寶寶的立場時，您的感受會是如何？您的反應又會是如何？您是心裡難過委屈呢？還是感到被誤解、憤怒和生氣？

有一個十分重要的「假想作業」，家長們必須要經常練習。想想看，假設有另外一個人，正以您目前管教寶寶的方式來對待您自己，您會有什麼樣的感受呢？

如果有人因為您的不良行為而對您大吼大叫，甚至動手打您一頓，或者把您關在廁所裡不准出來，您會因此而記得自己的錯誤，下一次不再犯了嗎？又或者您會決定下次再犯錯時，要將錯誤仔細小心地藏起來不再讓任何人知道？

親愛的家長們，我們相信您必然是願意自己的孩子信任您、依賴您，而不是害怕您和逃避您。我們也知道，在您層層怒火之下所包藏的真心，實在是希望孩子能夠因為看到錯誤所帶來的不良後果，而自動自發地不再繼續出錯。您絕對不會希望寶寶是因為害怕嚴厲的處罰，才「不敢再犯」。

因此，我們要不斷地提醒讀者們，「己所不欲，勿施於人」，您在糾正寶寶的不當行為時，請務必要和寶寶站在同一陣線，想辦法來預防錯誤的再次發生。千萬不可採取和寶寶對立的姿態，以自己最痛恨或最無法接受的方式，來對待寶寶。別忘了，四歲的寶寶不是您的敵人，而是渴望著您教導的小小新生命啊！

對事不對人

在您對著犯了錯的寶寶「開講」時，請注意遵守「絕不採取人身攻擊」的大原則。也就是說，您可以對寶寶清清楚楚地說明他所做「錯誤的事」，讓他知道他的某一項行為或是言語令您非常的不高興，但是請您千萬不可以讓寶寶覺得他自己是個「錯誤的人」。

家長們要學會「罵孩子」的藝術，您可以對寶寶說：「不可以把大寶的火車帶回家來，媽媽知道你喜歡這件玩具，但是偷拿別人的玩具是不對的行為，大寶找不到火車是不是會很傷心？

走，我們把火車拿去還給大寶！」卻不可對寶寶說：「只有壞孩子才會偷拿別人的玩具，你真是一個壞孩子！」更不可以羞辱他和令他覺得自己滿身罪惡：「寶寶居然會偷東西？真是太丟人了，我們家怎麼會出了一個小偷呢？」

此外，在家長們宣判寶寶的罪狀之前，也務必要鼓勵寶寶將事情的原委以及他的動機說明清楚，也許寶寶會主動地說：「我喜歡大寶的火車，所以我就帶回家來了，但是我下次不會這麼做了！」也許寶寶早被父母的反應給嚇得說不出話來，要經過一番的鼓勵，他才肯大膽說出心中的告白：「是大寶的媽媽說我可以把火車借回家來玩一天，明天再還給大寶，我沒有偷東西！」

強調優點

把握住每一次讚美褒揚寶寶的機會，大大地謝謝他、親親他、讓他深刻記得自己優良的行為所帶給別人和自己的快樂，是多麼的難以忘懷。

譬如說，您可以在寶寶將積木散落在客廳各處，弄得凌亂不堪時，讓寶寶明白：「媽媽不喜歡看到客廳這麼亂，沙發椅上有積木坐了不舒服，地板上到處是積木，走路不方便，不小心踩到了會摔跤。」並且禮貌地邀請寶寶：「你可以幫忙把這些積木收拾好嗎？」四歲的寶寶也許無法收拾到令您百分之百滿意的地步，但是請您務必要把握機會，大大地讚美寶寶：「哇！太棒了，媽媽真是太高興了，寶寶花了半個小時的時間幫忙收積木，瞧，客廳現在是多麼的整齊清爽！」

這麼一來，下一次當寶寶又將積木在餐廳中散得到處都是的時候，您即可不需要責罵寶寶，只要重新提醒他上回的「功勞」：「寶寶還記得上次幫忙收拾客廳中的積木，媽媽好開心、好喜歡嗎？瞧，現在這兒又弄得這麼亂，寶寶你說該怎麼辦呢？」聰明懂事的寶寶，此時很可能不僅會自動地開始收拾積

木，並且還會收得比上回更快、更好呢！

更加高明的家長們，還可以在寶寶「沒有」將積木散落滿地時，即「預防性地」稱讚他：「哇！寶寶今天沒有把積木玩得到處都是，真是好！謝謝寶寶，媽媽太開心啦！」

避免強調錯誤

在您努力藉機褒揚寶寶的優良表現時，也請記得要儘量避免將過多的注意力，放在寶寶的錯誤上！我們當然不是建議家長們對於孩子所做的錯事不聞不問，而是想要提醒家長們，千萬不要鑽牛角尖地刻意渲染孩子在成長過程中所犯的錯誤，同樣的，對於孩子所有一切的優良表現，也請不要不以為意、理所當然地，忽略了您所沒有看到，而孩子所付出的努力。

雖然對於許多父母而言，這些做法說來簡單，但是行之不易，《教子有方》仍然鼓勵家長們朝著這個大方向勉力為之。知道嗎？幼小的兒童喜歡不斷地重複那些經常能得到大人注意的舉動。您是否已經有過類似的經驗？您愈是叫寶寶：「不可以吐口水！」他愈是偏要不停地吐口水，因此，「御子有術」的家長們，最好的方法就是忍住胸中的不滿，假裝沒看到，故意不讓寶寶以他的惡形惡狀來得到您的注意力。試試看，您只要輕描淡寫地對寶寶說：「喔，我不喜歡看人吐口水。」然後轉開視線不再看寶寶，相信用不了多久的時間，寶寶就會自覺無趣地不再吐口水了。

事先說明務必詳盡

也就是說，寶寶必須清清楚楚地明白您對他的要求為何。

在您對寶寶宣布他的「家規教條」時，請別忘了寶寶才只有四歲，您的規定一定要合情合理，絕對不可有失公正或是強人所難。然後，您要利用足夠的時間，仔細為寶寶說明清楚，直到您

確知他完全懂得了爲止。

　　舉例來說，對於寶寶夜間就寢的時間和程序，您不妨仔細明確地告訴他：「每天最晚九點必須躺在床上，但是寶寶可以在床上安靜地玩一會兒，聽爸爸讀一本書，和媽媽聊聊天，或是聽一會兒錄音帶，然後媽媽會熄燈，寶寶就該閉上雙眼，準備入睡！」

　　同樣的，您也必須愼重地告訴寶寶：「如果媽媽要喊很多次，寶寶才肯躺上床，那麼寶寶就不能享有熄燈前的安靜活動，媽媽會直接熄燈，以便寶寶可以早點休息！」

　　這麼一來，親子之間的約定即成爲一種極爲明朗的交易，寶寶知道媽媽對他的期望爲何，並且也清楚當他沒有達到期望值時，他所會接受到的待遇爲何。對於四歲的寶寶而言，有了清楚的「約法三章」和「明文規定」，他會比較容易達到父母的要求，避免父母的失望和不滿；對於父母而言，也能因而避免誤解寶寶，預防不小心傷害了寶寶的心靈。

堅持到底，勿枉勿縱

　　當您一旦對寶寶設下了規定之後，請您務必要努力執行，在每一次寶寶不小心犯規的時候，都要能不厭其煩地糾正寶寶的言行。

　　比方說，您要先讓寶寶知道，穿著鞋子不可以踩在沙發上，然後您必須切實地執行這項規定，不可在任何情形之下容許寶寶破壞規則，也不要讓寶寶學會看您的臉色行事。也就是說，請您千萬不要在心情好的時候，或是忙碌疲累的時候，任由著寶寶穿

著鞋子踩在沙發上不聞也不問，而在您心情不好的時候則大發雷霆，狠狠地修理寶寶一頓。

當然囉，家長們在執行一切的「家規」時，請隨時記得要保持冷靜，保持風度，不慍不火，但是堅持到底！您可以要求寶寶在無法控制他自己，或是忘了提醒自己不可穿著鞋子踩在沙發上時，先離開客廳片刻，等他想清楚了，記清楚了，才可以再回到沙發的旁邊。最重要的是，千萬別忘了要即時讚美寶寶的努力配合：「謝謝寶寶脫掉鞋子，瞧，沙發不會再弄髒了！」

培養自我的耐性

請記得，不論您對寶寶的愛有多深，不論您是一位多麼有修養的人，您一定會有被寶寶激怒得火冒三丈的時候。當這種情形發生時，請告訴您自己：「寶寶不會永遠停留在四歲，他一定會長大，而眼前的混亂也必然只是短暫的過程，一切都會過去的。」

讓寶寶知道您對於他的行為有多麼的不高興，但是同時也別忘了要保持足夠的幽默感和客觀的遠見，不要太過於認真，也不要真正地動火，對於寶寶試著為自己做事的努力，務必要有耐性地儘量容忍。別忘了，在每一個學習的過程之中，錯誤不僅是難免的，同時也是必須的。

四歲的寶寶需要有足夠的空間，讓他在練習的過程中出錯，只要您記得，每當寶寶犯一次錯，他和成功之間的距離也就縮短了一大截，那麼您自然而然就會變得比較不會輕易發怒，也比較有耐心了。

心動，但不行動

還記得您自己小的時候曾經說過的話嗎？「我將來長大以後絕對不會像爸爸一樣，對我的孩子這麼凶！」還記得您小的時

候，是多麼的「痛恨」母親在生氣時「母老虎發威」般的凶狠嗎？現在您總算是「多年媳婦熬成了婆」，但是您是否正在不知不覺中，以您過去最為「痛恨」的方式，對待著自己心愛的寶寶呢？

《教子有方》建議您在「緊要的關頭」，必須能夠遵守「心動，但不行動」的原則。試著回想一下您小的時候曾經經歷過的，來自於您最依賴，也最愛慕的親人的椎心傷害與狠心恐嚇，幫助您控制自己的情緒，不要任性地做出任何使自己後悔，令孩子受傷的行為。

假如您真的已經「馬前失蹄」，完全失控，做出或說出了一些不當的言行，那麼也請您別忘了在風平浪靜之後，主動且誠意地對寶寶解釋您的錯誤，向他道歉。

如此，寶寶會對您更加的信任，並且自動自發地更加體貼您的心情。此外，他還能從您的榜樣中，學會了要如何為自己的言行負責！

　　親愛的家長們，在您一口氣讀完了以上十大項管教寶寶的重要原則之後，您是否會突然覺得壓力倍增，一時之間彷彿消化不了如此多的「好主意」？別擔心，我們建議您將本文開始的書頁一角摺起作個記號，或是夾一張書籤，有空時，反覆將本文多看幾遍，細細咀嚼書中所含的深意，慢慢地將這些原則逐一納入您的思想深處，朝著理想中高明的管教境界，穩定地前行。

總而言之，雖然父母們也有許多力不從心，無法在子女面前表現得十全十美的時候，但是《教子有方》期勉您能誠心面對並且接受自己的優缺點，時時提醒自己盡力而為，只要您付出心血與努力，那麼您就已經成功了。別忘了，四歲的寶寶正睜大了雙眼，以您為心目中最為崇拜的偶像，跟隨著您的身影，有樣學樣地分秒都在成長啊！

客觀的本領

　　成長中的生命，要如何才能夠層層剖析這個變化多端的世界呢？

主觀的本能

　　早自寶寶只有兩、三歲的時候開始，他的腦海中就充滿了各式各樣外在世界透過各種知覺（視覺、聽覺、嗅覺、味覺及觸覺）所輸入的刺激，而在寶寶試著去理解與闡釋這些刺激時，他會提出許多的問題，「為什麼？」、「怎麼會呢？」、「這是什麼？」、「然後呢？」……。

　　根據著名的兒童心理發展學家皮亞傑教授所提出的理論，幼兒從以上所描述的過程之中，會自然而然地發展出一套以自我為中心（egocentric）的想法，也就是說，寶寶會主觀的，事事都以他的立場為出發點，來觀看這整個世界。

　　凡事以自我為中心的寶寶並不是自私自利，也不會傲慢自大，他只是很單純，也很原始地，僅僅懂得以自己的立場與利益為優先的考量，同時他也誤以為別人的想法與體驗，和他完全相同。

客觀的能力

　　大約在四到五歲的這段期間，許多孩童已經稍微擁有了一些粗淺的、客觀的能力（perspective-taking skills），這種能夠在思想中產生和自己絲毫不相同的、別人的想法的本事，可以幫助成長中的孩子明白他人的動機與情緒，猜測且預期別人的想法、感受以及言行舉止。在生命發展的過程中，從自我為中心、完全主

觀的境界，跨向愈來愈寬廣的客觀視野，著實是一個重要、不可或缺的成長里程碑。

家長們如何能夠積極帶領寶寶發展客觀的本事呢？以下我們將介紹兩種專門針對此一成長課題所設計的親子遊戲，幫助您輕鬆地伴隨寶寶一同成長。

稻草人

這是一個簡單又有趣的遊戲！

先在一大張紙上以粗體簽字筆畫出一個大大的稻草人（如下圖所示），再在三張小一些的紙上各畫上一個一模一樣，但是尺寸較小的稻草人。

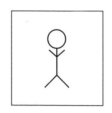

將畫了稻草人的紙張如下圖所示般（一張直立，一張倒立，一張向左平躺），排列在寶寶的面前。您可以坐在寶寶對面的位子，然後將小強（小狗熊）和大中（洋娃娃）分別安置於寶寶的左右兩側。

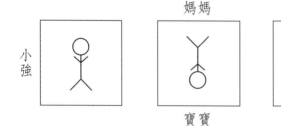

現在，您可以先測測寶寶主觀的能力。指著最大張的稻草人問寶寶：「從你坐的地方看過來，這個大稻草人和三個小稻草人中，哪一個是一樣的啊？」您四歲的寶寶應該可以毫不猶疑地就將正確答案，左邊的小稻草人指出來。

接著下來，您可以再指著大稻草人問寶寶：「那麼從媽媽坐的地方看過去，大稻草人又像是哪一個小的稻草人呢？」如果寶寶此時的思路有些迷惑，您可以建議寶寶：「您可以坐到媽媽的位子上來看一看！」然後再讓寶寶回到原位坐好，看看他能不能正確地將中間的小稻草人指出來。

最後，您可再問寶寶：「那麼從大中坐的地方看過來，大稻草人又和哪一個小稻草人一樣呢？」對您來說，答案十分明顯，當然是朝左平躺的小稻草人。但是，四歲的寶寶也許需要多花一些時間，才能看得出其中的端倪。

等到寶寶可以將自己眼中的、媽媽眼中的和大中眼中的稻草人全都「看」得一清二楚後，您可以將平躺的小稻草人旋轉一百八十度，使之成為向右平躺，而大幅地增加這個遊戲的難度。

考考寶寶，向右平躺的小稻草人是大中看到的，還是小強看到的呢？

從以上這個好玩的親子遊戲中，寶寶可以輕而易舉地從自己主觀的位子，移到媽媽的、大中的和小強的位子，也就是客觀的立場，從不同的角度來瞧瞧同一件物體，而在實際的經驗中，揣摩出客觀的真諦。

猜猜看！

這個遊戲雖然改編自兒童心理學家所設計，探測幼兒自我中心理念的活動，但是卻好玩得不得了，您和寶寶必能百玩不膩，並且還會愈玩愈好玩，愈玩愈有進步！

搬兩張小椅子放在一扇門（衣櫃的門，或是屋內的房間門）的兩側，您和寶寶可以分別在門的內外各自坐下。首先，請您隔著門對寶寶描述一樣事先已選好，放置在您面前，但是寶寶隔著門看不見的物體，您可以用任何的方式來描述這個物體，但是不能說出物體的名稱，讓寶寶來猜猜答案是什麼。

此外，您也可以和寶寶互換角色，由他來出謎題，由您來猜猜看。在這個遊戲中，除了出謎題者必須不斷地以三寸不爛之舌來描述謎底，猜題的人也可以努力地發問，引出正確的答案。

從兒童心理發展專家的研究中，我們已發現，在從來沒有練習過，也沒有人提示的情形下，不滿四歲的幼兒多半無法提供猜題者足夠的資料，來猜出正確的答案。

同樣的，幼小的猜題者亦無法提出有用的問題，來幫助自己猜出答案。

但是，給予足夠的練習，寶寶不論是在出題還是猜題的能力上，都會大大的進步，顯示著他客觀思考的能力，也正以飛快的速度在成長與茁壯。

親愛的家長們，我們祝福您和寶寶玩得開心，寶寶學得快又好！

 # 打通思路的分類遊戲

在寶寶思索與了解外在世界的成長里程中，他所必須具有的一項裝備，就是組織與整理生命經驗的能力。

不論是大人或小孩，當我們能夠將所遭遇到的一切人事物，分門分類地在記憶中井然有序地存檔入庫，那麼我們即可成功地將這些知識納為己有，也因此對生命有了一層更深入的了解。

親愛的讀者，身為家長的您可能並不自覺，但是您正確確實實地在生活之中不斷運用這份組織能力。想想看，如果您在友人

家中作客，看到一張顛覆傳統風格、另類設計的新潮沙發椅，您腦海中第一個閃過的念頭是否為：「哇！一張好特別的椅子！」也就是說，您的思想所做的第一件事，就是先將眼前這件未曾見過的家具歸入「椅子」的類別之中。這項分類的工作對您而言，實在是輕而易舉，不費吹灰之力即可順利完成。

相反的，對於一位成長中的幼童而言，要將他感官所接受到的各種訊息，全都在腦海中妥當地分門別類，並不是一件那麼容易的事，他必須經過大量的練習之後，才能將這項本事發展到爐火純青，不需思考即可運用自如的程度。

換句話說，您四歲的寶寶目前所面對心智發展上最大的挑戰，就是如何將生命的經驗，正確地歸類和建檔。身為寶寶的啟蒙師，家長們可以藉著各式各樣的分類活動，在親子同樂的時候，一舉兩得地輔導寶寶的組織能力，經由學習歸納的過程，打通寶寶踏入這個大千世界的思想之路。

根據外表來分類的遊戲

家長們在帶領寶寶進行以外表來分類物品的活動時，請注意把握兩項原則：

1. 從最簡單的，每一類別只有兩樣物體的分類遊戲開始玩起，等寶寶能夠輕易地將兩件外表相同的物體歸為同類之後，再增加物體的數目到三個、四個或是更多。（例如：您可要求寶寶將兩個橘子和兩顆葡萄分成兩類。）

2. 所區分的類別也要從單一項目開始，您要先教會寶寶根據大小、顏色和形狀之中的某一項來歸類（例如：「寶寶可不可以把大的皮包給媽媽？」），等到寶寶已能在單一的項目中輕鬆地區別物體的種類時，家長們才可開始增加難度，試試寶寶能否以兩種不同項目的交集來區別物體。（例如：「喂！寶寶你能不能把那個大的紅色皮包拿來給媽媽？」）

　　請別小看了四歲的寶寶，雖然他目前還不能將一件物體的形狀、顏色和尺寸正確地說出來，但是他應該已有能力將物體根據不同的項目區分清楚。家長們只需張羅一些擁有共同之處與不同之處的物體，和幾個充當分類區域的蒐集容器（例如空的面紙盒），即可自由變化出各種有趣的花樣，來和寶寶玩玩分類的遊戲。

顏色分類

　　請寶寶指出顏色相同的兩件物體，例如：「寶寶今天穿綠色的上衣，自己去找綠色的帽子，找出來戴好嗎？」說不出是什麼顏色不要緊，只要寶寶認得出是相同的顏色，即可過關。

形狀分類

　　請寶寶指出形狀相同的兩件物體。假如寶寶還不能完全聽懂您所使用的幾何圖形術語（如梯形），那麼您可以對寶寶說：「瞧，這是一塊梯形的海棉，寶寶可不可以再找出一個梯形啊？」如果寶寶看來仍然是滿臉狐疑，十分迷惑的模樣，那麼您不妨再給寶寶一次機會，用手指著梯形的積木說：「這兒還有一個梯形，寶寶可不可以幫媽媽撿起來？」

　　等到寶寶對於基本的幾何圖形都有了透澈的了解之後，您還可以為他介紹各種實物的形狀，如花、鳥、山、樹等，幫助寶寶更加廣泛地了解形狀的種類。

尺寸分類

　　請寶寶指出大小類似的兩種物體，例如：「寶寶，請把書桌上兩本『大』的筆記本拿來給媽媽好嗎？」此外，長短、寬窄等，亦是您可逐一挑戰寶寶的項目。

根據功能來分類的遊戲

　　較之於外形的分類，功能的分類難度較高，寶寶需要能夠「想得出」物體的「用處」，才能正確地將之歸納分類。

　　家長們還是可以利用「同一類別只需兩件物體」的原則，請寶寶：「可不可以找兩個可以吃的東西來給媽媽？（如一個蘋果和一個橘子）」或是「找兩件可以穿的東西！（如一隻襪子和一件上衣）」等到寶寶分類的本事較為成熟之後，您即可自由變化出一些較難的玩法（如：「寶寶找找看，有沒有『三件』爸爸『穿』的『藍色』的東西？（外衣、襪子和領帶）」。

根據存放之處來分類的遊戲

　　這是一個既能玩耍，又能整理家事內務的好活動。您可以在洗好碗盤餐具後，拉開一個抽屜對寶寶說：「看，筷子全都放在這一格中，寶寶可不可以告訴媽媽，湯匙放在哪一格呢？」您也可以在摺好一疊乾淨的衣物之後問寶寶：「手帕全都放在這個小櫃子裡，那麼短褲放哪兒呢？」買完菜回家後更是個大好的機會，問寶寶：「香蕉放在哪兒？牛奶放在哪兒？……」

細心澆灌成長中的幼苗

　　當您帶著寶寶進行以上的分類活動時，請別忘了天下沒有任何兩個孩子是完全相同的，有些孩子可能會瘋狂地愛上這些分類的遊戲，有些孩子卻可能興趣缺缺，提不起玩勁兒來，也有些孩子則只喜歡在一旁等著您玩給他看。

　　此外，家長們還要能夠細心敏銳地察覺出寶寶的心情是否愉快，假如寶寶有時玩興大發，一玩幾個小時都不肯停止，而有時又彆彆扭扭一副意興闌珊的模樣，那麼家長們勢必應該「捨命陪君子」，一切「遵寶寶之命」行事囉！

　　在寶寶入學之前，尤其是三歲到五歲的這段時間中，他的智能發展會以飛快的速度來進行。因此，即使寶寶在某一天之內什麼也沒有學會，他還是能夠在另外一個學習的日子裡成功地迎頭趕上。別忘了，愈是好玩有趣的活動，寶寶愈是會玩得起勁，學

得痛快。

　　反覆的練習，也是學習的要素。因此，家長們務必要以身作則，勤勉不懈，持之以恆地和寶寶進行分類遊戲，當您和寶寶以家爲教室、以親子活動爲教學內容時，您心愛的寶寶即會在父母全神貫注的關切中，幸福且成功地成長。

電視的魔力——三之二

　　我們在本月將繼續爲您討論，電視節目對於成長中兒童的認知能力，以及飲食習慣兩方面所造成的影響。

認知能力嚴重受損

眞假莫辨

　　對於一個學齡前的幼兒來說，努力學會分辨世上之物孰爲眞實、孰爲想像，是他目前所面對的一個非常重要的發展課題。

　　換句話說，您四歲大的寶寶目前既沒有足夠的人生經驗，又沒有成熟的認知能力，要能將電將節目中，虛虛實實的各種人物與劇情弄得一清二楚，實在是一件十分困難的事。即使是寶寶原本已經知道的「事實」，都有可能在看了某些節目之後，又變得混淆不清了。

　　曾經就有一個孩子，誤以爲自己能夠像「超人」一般在天空中飛翔，而打開窗戶從高樓上跳了下來。也有另外一個四歲的孩子，在看完了電視上所賣多種維他命的廣告：「能使你快快地長得高又壯！」之後，一口氣吞下了四十顆維他命而被送醫急救。

　　類似於上述的實例，多得不勝枚舉。有一項研究電視廣告對於幼兒影響的學術報告指出，大約有三分之二的三、四歲兒童，天眞地相信廣告中的人物，可以從電視機中看到他自己和他的

家，而有將近一半的幼兒認為，他們可以和卡通影片中的角色真實地交談。

錯亂的時間觀念

學齡前的幼兒所必須學會另外一項認知方面的基本觀念，就是要了解「時間」這個抽象的名詞，在現實的生活中所代表的真正意義。舉凡「等我一分鐘」、「明天早上去動物園」、「再過三天就是星期天」、「下個月……」、「明年暑假……」等的時間概念，寶寶都必須在生活之中點滴累積所體會出的心得，方能心領神會地懂得其中的涵義。

不幸的是，看電視非常容易會將寶寶萌芽中的時間觀念給攪得一片混亂。想想看，電視節目是否經常會因劇情需要而加速、減慢或是跨越一些現實生活中時間的框框？一個小嬰兒可以在轉眼之中即長大成人，乘坐火車的人也可以在幾秒鐘內即結束了一整天的車程，回到過去的倒敘手法可以使人返老還童，而刻意減慢的動作更能使跳水的選手，看來彷彿能在空中翻騰好幾分鐘之久。

這麼一來，幼兒對於「時間」的觀念，又該如何落實呢？

剝奪主動學習的時間與機會

兒童發展專家們早已指出，即使是優良的電視節目，對於成長中的兒童來說，仍然是弊多於利。原因在於看電視這一項活動的本身，會引導幼兒進入一種不言不語、被動與消極的觀望狀態之中，而在不知不覺中放棄了主動參與的積極學習精神。也就是說，看電視是一項不需花費心力的活動，幼兒在觀看所謂的「益智性節目」時所產生「洗腦式的學習」，其實是遠遠不及其他各種「真實的活動」來得有益心智。

此外，光就看電視本身所占用幼兒寶貴的玩耍時間而言，就已剝奪了許多心智、體能，以及社交方面的發展機會。家長們在督導孩子看電視時，請千萬不可忽略了此項重要的事實！

影響日後的學業成績

相關的研究也顯示出，學齡之前看了太多電視的幼兒，在長大入學之後的學業表現，要比其他的學生們落後許多。除此之外，愈是收看節奏緊湊、動作快速的節目，孩子長大之後愈是整天動個不停，靜不下來，無法在需要集中注意力的一切課業之上有良好的成績。

學者們還在學齡兒童之中發現了一項明顯的**趨勢**，凡是小的時候，電視看得愈少的孩子，他們所閱讀的書籍也就愈多。在更有意思的一項研究之中，當學者們限制一群小學一年級的學生看電視的時間之後，不僅他們在學校的考試成績普遍地提升，整體來說，各方面的表現也大為進步。

總而言之，電視節目對於四歲寶寶認知能力的發展，可說是有百害而無一利，即使是優良的幼教電視節目，寶寶在其中所能得到的好處，也仍然遠遠不及不看電視，做些其他的活動所能獲得的益處。

不健康的飲食習慣

大家都知道電視廣告對於幼小的兒童有著超級強度的影響力，而在這許多影響之中，家長們最不可忽視的，就是對於兒童飲食習慣的許多不良影響。

從一項針對美國兒童所做的調查結果中，學者們發現，十個幼兒之中有九位會想吃電視廣告中的食品。這正是因為寶寶在目前這個年齡，會毫不考慮地接受各種新的知識，所以他會單純地相信電視廣告中的食品，也真如廣告中所推銷的一般，「既好吃又營養」。許多道地的垃圾食品，也就從此進入了寶寶的生命，再也不肯輕易離去。

或許讀者們會問，難道在電視上做廣告的食品全都是屬於不健康的垃圾食品嗎？根據美國小兒科醫師學會（American

Academy of Pediatrics）所指出，在白天所播出的食品廣告之中，富含營養、不戕害健康的食品（例如蔬菜、水果和牛奶），僅占了不到百分之五的比例。也就是說，電視廣告中令幼兒看得垂涎欲滴、食指大動的各種精采萬分的食品，幾乎清一色是寶寶不需要、也無益於健康的食品。

兒童肥胖症

另外一項因為看電視而造成不利健康的重點，就是體重過重的問題。近年來許多的研究報告紛紛探討電視與幼兒體重的關係，營養學專家們也早已發現，孩童看電視的時間愈長，體重也愈容易有過重的傾向。

大致說來，看電視會導致兒童肥胖的原因有三點：

1. 幼兒喜歡邊看電視邊吃東西，因而在不知不覺中攝取了過多的卡路里。

2. 看電視的時候，幼童多半處於靜止不運動的狀態，減少了熱量的燃燒。

3. 如前所述，幼兒會因電視廣告而養成不健康、容易發胖的飲食習慣。

親愛的家長們，讀到此處，您是否已經開始重新省視寶寶在家中與電視機之間的「親密關係」了呢？我們將在下個月繼續為您討論電視機，這個每一位現代父母都必須應付，令人既愛又恨、亦敵亦友的生活元素，對於寶寶的成長所造成的影響。

P.s.... 提醒您！

❖ 多多閱讀幾遍本月「造就一個不需修理的好孩子」一文。

❖ 陪寶寶玩「稻草人」和「猜猜看」的遊戲。

❖ 帶著寶寶在家中進行各式各樣的分類活動。

迴　響

親愛的《教子有方》：

　　此書中的安排，將教育子女的知識依照年齡逐月排列，實在是一項了不起的巧思。

　　我希望《教子有方》能夠長久不斷地繼續發行下去，除了因為我樂見這份優良的刊物經營成功，為大家所喜愛，也私心地期望我的孩子長大後、自己也為人父母時，我可以用祖母的身分，送給孩子一份《教子有方》！

曾太太
美國伊利諾州

第四個月

知子莫若父與母

親愛的家長們，讓我們來考考您，您說得出四歲多的寶寶目前最感興趣的是什麼嗎？是小動物？是洋娃娃？是他的小腳踏車？是綠草如茵的活動空間？還是對於天地宇宙之間萬事萬物皆有興趣、皆好奇？

沒錯，大致說來，寶寶對於周遭的人事、景物全都充滿了無比的熱情，他喜歡東看看、西摸摸，走路走到一半蹲下來研究地上的小螞蟻，也喜歡將一朵玫瑰花的花瓣一片一片地撕開，看看花朵中間是否真如童畫書中所繪，住著一位拇指仙子。

但是在這一切的事物之中，最最吸引四歲寶寶注意的大贏家，該算是這個美妙世界中的「人物」了。

同意嗎？您的寶寶是不是愛極了周圍的每一位親人和朋友？他會模仿他人的聲音、舉止，甚至於性情；他對人十分的友好親近，即使是陌生人，他也會毫不設防地敞開心胸，說上一大堆的悄悄話；他更是樂於助人，您只要輕輕地吆喝一聲，寶寶會立即「遵命」，一馬當先勇往直前地努力完成任務，博君一笑。整體說來，寶寶喜歡和各式各樣的人相處，而任何人和四歲的寶寶在一起的時候，也都不會覺得枯燥無趣，寶寶自會以他的方式將人逗得笑咪咪、樂陶陶，忘掉了心中許多的煩惱。

除了喜愛與人交往之外，四歲的寶寶還有另外一個特色，那就是有些時候，他會變得令人難以捉摸和難以了解。舉一個經常發生的例子，您的寶寶近來是不是經常會在興高采烈地玩得正起勁的時候，毫無預警地突然說不玩就不玩，不聽勸告也不願解釋，掉頭就走，不再戀棧了呢？

有些時候，同樣的事情（例如：「嘴巴裡有食物的時候，不可以說話」），即使您已經「千」叮「萬」囑地時時提醒，但是

寶寶仍然每次都會忘記。寶寶也會在前後幾分鐘之內，從一個溫柔可愛、善解人意的小天使，突然之間說翻臉就翻臉，變成六親不認、無理取鬧的小流氓，甚至於，他會「莫名其妙」、「無緣無故」、「不知哪根筋不對了」，害怕起許多生活之中原本毫不希奇的各種「小事」！

明白了嗎？從四歲到五歲之間的這段生命旅程，充滿了各式有趣的人事、景物，令寶寶喜悅滿足，樂不思蜀。但同時也有許多顛仆險阻的路途，寶寶必須經過，他需要咬緊牙關勉力堅持，才能通過成長的挑戰和考驗，順利完成每一個重要的成長里程碑。

親愛的家長們，身為寶寶成長旅程中的「旁觀者」，您無法為他免除這些必經的試煉，您更加無法「代子出征」。除了乾著急和心疼之外，《教子有方》願意為您深入剖析寶寶的心，幫助您以孩子的立場來面對他的人生。如此一來，您就能夠更加貼切地做好一名稱職的「副駕駛」，輔助寶寶看清地圖、做好行車檢查、掌穩方向盤、駛上成功的成長里程。喔！別忘了還要不時地為寶寶擦擦汗，遞杯水，並拍拍他的肩膀，鼓勵他的心情士氣，為他鼓掌喝采喔！

重溫舊夢

父母們對於四歲多的幼兒，多少會抱持著一些期許。您會希望寶寶能夠自動自發地，做好一些生活起居之中簡單且必要的工作（例如自己穿衣服、上廁所、洗手和吃飯等）。這些期望與要求大多十分的貼切，也十分的具有教育意味，大部分的時候，寶寶會既得意又認真地，努力去做好這些對他而言非常重要的「大事」。

然而，當碰上了某些情況，例如家中突然出現訪客和「幼小無助」的小弟弟或小妹妹時，感冒不舒服時，或是心情不好的時

候，寶寶會希望並爭取父母家人，能在此刻爲他擔起這些責任。他可能會要求媽媽餵他吃飯，或是要爸爸爲他洗澡，種種的表現如果不是「撒嬌」就是「耍賴」，所透露的無言訊息是：「您可不可以像對待小嬰兒般地再呵護我一次？」

當遇上了這種情形時，家長該如何處置，才能避免使自己陷入寶寶的溫柔陷阱，而也能令寶寶心滿意足呢？

辦法一點兒也不難，您只要保持清醒的頭腦，冷靜的理智，隨時提醒自己：「寶寶已經四歲了，他不再是一個啥事都做不來的小娃兒！」再配上一些體貼的愛心和了解，細膩機警地想起來：「喔！我知道了，寶寶今天在外婆家玩了一整天，累壞了，所以現在不肯自己刷牙了。」最後，讓寶寶明白您懂得他的「難處」和「委屈」，您願意幫助他，但是這些事情依然是他自己的責任：「寶寶你是不是很累，沒力氣自己刷牙了呢？沒關係，我們一起來，你先把牙刷和牙膏拿出來，媽媽來幫你擠牙膏，然後我會在你旁邊陪著你，看你刷牙，這樣好嗎？」

向您保證，這麼一來，原本嘟著小嘴的寶寶必能打起興致，即使並未完全釋懷，但也已能「勉爲其難」地自己拿起牙刷開始刷牙。

眼高手低

四歲的寶寶近來也經常會因爲無法做好一些自己想要做的事，而感到無比的挫折、困窘和不服氣！尤其是當一些年紀較大的大哥哥、大姊姊和玩伴，因爲他的年紀小而對他設防和設限的時候，寶寶胸中的「怨氣」，將會更加鼓脹得難以下嚥。

常見的例子如：爸爸和七歲的哥哥都不許寶寶靠近，因爲他們兩人正聚精會神地在下棋，當然不想讓寶寶在此時來「攪局」。然而，在強烈的好奇心和爭取自主決心的雙重趨使之下，四歲的寶寶還是會想盡方法，趁著爸爸和哥哥不注意的時候，偷

偷溜到棋盤一旁,順手抓起桌上的幾個棋子,還要「裝模作樣」地在棋盤上「和真的一般」比劃一番。可想而知,寶寶這位「不速之客」必會遭到爸爸和哥哥的「群起攻之」,在被訓誡和臭罵了一頓之後,立刻被轟出了房間。

　　親愛的家長們,當這種情形發生的時候,您知道該如何處理嗎?您有使大家皆大歡喜的萬靈丹嗎?還是您根本就相應不理,任由寶寶「自生自滅」?

　　其實,處理類似情形的方法很簡單,您只需要真誠且溫和地對寶寶解釋您的心情和立場,同時也別忘了讓寶寶知道,您也了解他的處境和感受。

　　例如:「寶寶很想和爸爸、哥哥一起玩下棋對不對?可是爸爸說不可以用手來碰,你卻忍不住摸了一下,弄亂了整盤棋,惹得爸爸和哥哥不開心對不對?知道嗎?下棋的人不喜歡有人在一旁擾亂,會生氣喔!如果你想玩棋,等他們下完了,媽媽來陪你玩好嗎?」這麼一來,寶寶必能較有耐心地等待,輪到他時,再以「扮家家酒」的方式和您「下一盤好棋」。

無所適從

　　四歲的寶寶對於目前他自己在這個世界之中所扮演的角色,並不是十分的清楚,他經常會感到一股龐大的茫然,和不知何去何從的無助與徬徨。想想看,半大不小的寶寶雖然已大得不能再稱為小嬰兒,但是比起大多數的「兒童」,卻又似乎仍嫌稚氣與不成熟。整日生活在這種「不大」也「不小」的夾縫之中,其實並不容易!

　　親愛的家長們,您同意我們的看法嗎?想想看,許多時候,其實並不是您不准他做這做那,而是他真的還太小,有些事情,確實還不適合他來做。那麼,您該如何讓他明白您的這番苦心呢?

耐心的支持

首先，當寶寶被一件過分困難的工作整得灰頭土臉，快要抓狂的時候，他最需要的是您耐心和實際的支持。告訴您的寶寶，世界上不論是大人還是小孩，人人都有失敗的經驗，「失敗」乃兵家常事，但是失敗為成功之母！您要主動對寶寶交心與表態：「讓媽媽來幫你一把吧！」絕對不可對寶寶說：「做不來就別做了，讓媽媽來做。」因為您的寶寶必須學會「自己跌倒，自己爬起來」，而不需要您以行動來讓他知道，他是個多麼沒用、多麼不爭氣的人！

愛心的鼓勵

寶寶需要您一而再、再而三地以愛心的鼓勵，來重建信心與恢復勇氣。最好的方式，就是藉著貼切不誇張的讚美（例如：「嗯！寶寶你今天自己搭配的衣著很漂亮喔！」、「帥呆了，爸爸最喜歡看到寶寶迷人的笑容！」等），來幫助寶寶從客觀的角度看到自己的優點，從中肯定自我，進而拾回篤定的自信。

慧眼識天賦

此外，寶寶還需要仰賴您的「慧眼」，才能找到屬於他個人獨具的優異秉賦。不論是邏輯推理、美術、音樂、舞蹈或各種獨特的天賦，家長們都應禮貌地尊重，客觀地面對，並真誠地加以引導。多多找機會告訴寶寶：「咦？剛才那首歌是寶寶你自己編的嗎？聽起來很有意思，你可不可以再唱一遍呢？」、「寶寶可不可以

每天晚飯之後，都唱幾首不同的歌呢？」、「可不可以教教媽媽，你是怎麼唱的？」

提醒自己不要在無心之中挫傷了寶寶的信心：「天啊，這是什麼亂七八糟的歌，眞難聽，寶寶拜託你別再唱下去了！」、「嘻，寶寶你唱起歌來五音不全，聲音像鴨子叫，眞是好笑！」、「啊，寶寶你這些歌現在唱沒關係，待會兒客人來了就別再唱了，太難聽，太丟人了，記得了嗎？」如此的打擊，很可能會使一位原本富於音樂創作才能的兒童就此裹足不前，一生都無法再提起足夠的信心和勇氣來跨出音樂的腳步了！

見風轉舵

有些時候，寶寶會興沖沖地打開櫃子：「我要玩火車！」但是翻箱倒櫃一會兒之後，他卻拾起一支蠟筆在紙上畫起圖來了。他開心地宣布：「我要畫小鳥！」塗了半天卻畫出一棟房子。寶寶也會主動地對人打開話匣子，先提小公園，順便扯出上回買的小花傘，又想起賣傘小店旁的豆漿店，因而傷心地回憶起有一回他在豆漿店跌了一跤的往事……，如此東拉西扯，沒頭沒尾地說了大半天，沒有一件事說得完整。

別擔心，這些都是「正常現象」，等寶寶再長大一些，他的思考方式自會變得較有組織，較有章法可循，也較能將心思在一件事情上停留較久的時間。

因此，眼前您所能幫助寶寶最好的方法，就是不動聲色地誘導寶寶有始有終地完成他的想法（如：「哎，寶寶你不是要玩火車嗎？」），但是也不可過分僵硬，一板一眼（如：「坐好，畫完一隻小鳥才可以離開！」），要保持合情合理的彈性（如：「你剛開始說小公園是什麼事啊？忘記了？沒關係，說說小雨傘吧！」）。別忘了，四歲寶寶的小腦袋瓜子靈活巧妙，善於想像並且富於創意，這種天馬行空、活潑自由的思想意念，必須經過

許多的練習，才能逐漸如塵埃落定般地表現出一些規律與固定的模式。總而言之，寶寶還沒有完全長大！

記性不佳

四歲寶寶的記憶力，可能沒有家長們想像得那麼好。因此，當您對寶寶下達一連串不同的命令時，就會造成許多始料未及的「事端」。

想想看，您是否也和許多家長們一般，曾經對四歲的寶寶連珠炮般地做出以下的要求：「寶寶快點，跑到你的房間，打開左邊第二個抽屜拿出你的手套、圍巾和帽子，順便把地上的髒襪子扔進媽媽房中的洗衣籃，穿上你的雨鞋，外面雖然很冷又下雨，但是我們和舅媽約好了要去逛街不可遲到！」

猜猜看，四歲的寶寶記得住這麼多條指令嗎？當然不！

一般說來，四歲多的幼兒最容易記住的事物，一次大約在三到四樣之間，而當指令愈簡單、愈相關時，寶寶也愈能記得比較多。此外，和寶寶有切身關係、他比較在乎和有興趣的事物，也比較容易記得住。

親愛的家長們，請您要記得，對寶寶下命令一定要慢慢說，清楚地說，項目力求簡單，還可以要求寶寶重述一遍，以確定他真的聽清楚了。對於寶寶的健忘和丟三忘四，請您千萬不可在意，不必放在心上，更加不應為此責怪寶寶。隨著練習次數的增多和年齡慢慢的長大，寶寶的記憶力自會逐漸進步，直到令您刮目相看為止。

性情善變

當遇到不稱心、不如意的時候，寶寶不僅和大人一樣會鬧情緒，也可以在轉瞬之間即從「快樂似神仙」變成「氣得七竅生煙」，正如俗話所說，翻臉比翻書還快。

想想看，您的寶寶是否會在屢次爭取他人注意不得要領時，或是某樣玩具總是弄不好時，突然間發起脾氣來了呢？有些時候，身為父母的您可能會丈二金剛般地摸不著頭腦，完全猜不出寶寶為什麼會在突然之間鬧起情緒來了。寶寶會噘起小嘴，跺著小腳，口中還發出各種表示自己不悅的聲音，但是他並沒有真正告訴您問題出在哪兒！

因此，家長們此時所能採取最佳的「破解」之道，就是儘量設身處地從寶寶的立場和寶寶的眼光，來猜出令他「不爽」的原因何在。例如您可以旁敲側擊地探測：「唔！寶寶是不是因為媽媽剛才打了太久的電腦，一直不理你，所以生氣了啊？」或是一語道破：「喔！寶寶的玩具火車不跑了，寶寶快要氣炸了！」

在此，我們要特別為讀者指明，不論在您的想法中，令寶寶生氣的原因是「真的有那麼嚴重」，還是只不過是一些「芝麻蒜皮」的小事，您都必須真誠與大方地對寶寶付出您的同情心。這是十分重要的一點，因為大部分的時候，寶寶只要能夠擁有您的了解，那麼他即可很快地「鳴金息鼓」，平撫情緒，不再作怪，也不再鬧彆扭。

頤指氣使

四歲的寶寶已漸漸明白，在這個龐大的世界之中，有太多的事是他幼弱的身軀、小小的雙手和短短的雙腿，所辦不到也行不通的。正因為有了這層自知之明，寶寶變得非常的會支使人為他跑腿，不論是大人還是小孩，都逃不出寶寶的「差遣」，不僅如此，寶寶還會擺出一副「大爺」的姿態，使得為他辦事跑腿的人心中十分的「不爽」。

寶寶會在浴盆中尖叫：「我要毛巾！」也會在餐桌上將空的飯碗遞給您：「還要飯。」甚至於還會將您從睡夢中搖醒，死拖活拉地將您推到衣櫥前，為他取出那個放在最高層的米老

鼠……，種種高壓強勢、緊迫盯人的作風經常令家人大呼吃不消。

　　當碰到這種情形的時候，「抵制」寶寶發號施令的方法其實很簡單，您只要清楚明白地告訴寶寶：「媽媽很願意幫忙你做事，但是不喜歡你用下命令的方式來請我幫忙！」幾次之後，寶寶自會「識相」地將他的氣焰稍微收斂一些。

　　此外，在日常生活之中，家長們也要儘量多給寶寶一些「當家做主」的機會。例如您可以在為寶寶添購新衣時徵求他的意見，也可以在一個星期之中挑選一天，由寶寶自己決定他當天的穿著。家長們必須在此時避免以各種「明示」、「暗示」，來左右寶寶的決定，也就是說，假如您心中對該事已有定見，那麼就不要徵求寶寶的意見，而一旦您將作決定的「權柄」給了寶寶，就請您要百分之百地退讓在一旁，並且毫不保留地接受寶寶的選擇。

　　別怕，拿出愛心，下個決心，您一定能夠做得很漂亮的。

疑神疑鬼

　　四歲多的寶寶也會開始對一些他原本並不害怕，也根本不值得害怕的人、事和物，產生一種莫名的恐懼。原因在於半大不小的寶寶自知失去了襁褓時期父母對他無微不至的保護，但他卻仍是「手無縛雞之力，腳無風火之輪」，只要遇上一丁點兒的「小事」，他脆弱的身心隨時都有可能會遭殃。

　　也就是說，寶寶現在已經知道，這個世上有許許多多他並不了解、也無法控制的部分，因此，他難免會產生一些害怕與不安的感覺，尤其是對於過去從未經歷過，和完全看不出個所以然來的情景事物，例如黑暗的地方、奇特巨大的響聲、外表怪異的人、沒有去過的地方和沒有看過的物品，寶寶都會不由自主地感到不自然和不放心。

　　針對寶寶目前的這一項「特性」，家長們請留意，千萬不要以您大人的立場來評論寶寶的恐懼是多麼的沒有意義（例如：「螞蟻這麼小，有什麼好怕的？」），也不要嗤之以鼻地否定寶寶的害怕（例如：「唉呀！不過是一隻玩具狗嘛，又不會真的咬人，有什麼好怕的呢？」），更不可以因此而嘲笑寶寶（例如：「全家人中就是寶寶膽子最小，羞羞臉啦！」）。

　　面對著疑神疑鬼、神經緊張的寶寶，家長們應該試著去體會寶寶所經驗到「如假包換」的恐懼，並且以了解的心態來陪伴他：「沒關係，每個人都會害怕，爸爸也怕黑！」安慰他：「來，我們打開電燈看一看，瞧，這間旅館房間多漂亮啊！」鼓勵他：「寶寶自己瞧瞧，還怕不怕啊？」並且提供您無條件不保留的支援：「告訴爸爸，要怎麼樣你才不會再怕呢？我抱著你好嗎？」

　　親愛的家長們，當您將本文讀到此處時，是否已發現，其實要帶領寶寶過關斬將通過各種成長的考驗，最好的方法，就是試著設身處地以寶寶的立場來著眼一切的問題。還記得您自己童年時稚氣的想法和感受嗎？想得起來當年您所接受到的「不合理待遇」嗎？現在也請您要避免以同樣的方式來對待四歲的寶寶喔！

　　將您的想法誠實並且直截了當地告訴寶寶，讓他知道他的言行舉止所引發您心中各種不同的感受，試著在「不以大欺小」、「不以長欺幼」的前提之下，仍然能維持您自身的權益和需要。

　　千萬要記得，寶寶還太小，他還無法爭取自我的立場，無法表明內心的感受，在遇到衝擊時無力為自己的想法申訴，因此，身為家長的您必須主動，並積極地肩負起護衛寶寶嬌嫩心靈的工作，俗話說得好：「種瓜得瓜，種豆得豆」，今日您對待寶寶的一切態度，日後都將會被寶寶「如法炮製」地用來對待他人。親愛的家長們，在養育子女的過程中，您目前的一言一行可說是影響深遠啊！

美滿家庭

　　美滿和諧的家庭生活人人都渴求，家庭中，每位成員彼此真心關愛的感情是世間難能可貴的福分。然而，這些令人稱羨的幸福，並不是全靠運氣或巧合，有許多人際關係的技巧，值得我們每個人都再三反省與深思。

　　以下為讀者們列出一些「美滿家庭」的共同特點供您參考。

同在一起

　　家中的成員彼此重視、珍惜並爭取共處的時間，媽媽可能要少逛一次百貨公司，爸爸可能要少打一場高爾夫球，但是全家得以一起上街吃個小館子，看場電影。也就是說，每個人都認為「我的家庭比我自己更加重要！」

輪流做主角

　　家中的每個分子都能在特定的時機成為鎂光燈聚焦的中心。四歲寶寶的生日是全家人熱烈慶祝的大事，同樣的，爸爸媽媽的結婚周年紀念日、姊姊的舞蹈演出和奶奶的插花展，也都是全家人興高采烈共同參與的盛會。

一起作決定

　　不論是大事還是小事，不管是九十歲的老爺爺還是四歲的小孫女，家中的每一分子都得以參與決策的過程。例如窗簾的選擇，爸爸可以決定價錢，媽媽決定花色與布料，四歲的寶寶可以決定是否需要滾上一圈荷葉邊……。

一起出門

也許是去郵局寄封信，也許是去探望久未見面的親人，也許是到野外踏青，甚至於出國旅遊，美滿家庭經常都是集體出動的。

大聲說謝謝

在一個美滿的家庭中，時常可以聽到成員們彼此感謝讚美的話語。即使只是：「謝謝媽媽，今天晚餐的炸豬排真好吃！」發一封簡短的電子信：「老婆，謝謝妳早晨叫我起床！」或是一張小字條：「謝謝陪我逛夜市！」都能鞏固彼此之間的情感，並且增加成員對於家庭的歸屬感。

學習解決家庭問題

每個家庭都會發生問題，美滿的家庭也不例外。然而，當衝突和問題發生的時候，美滿家庭的成員不逃避、不閃躲也不推卸責任，相反的，他們勇敢地直視問題的核心，拿出解決問題的誠意，努力地學習如何來解決問題。

也就是說，家庭問題不可能使一個家庭破碎，家人們解決問題的方式，才是促使家庭分裂失敗的真正罪魁禍首。在一個美滿的家庭中，每一個新問題的產生，都是使整個家庭進步升等的一個嶄新的好機會。

共享好時光

家人同樂可以推倒彼此之間許多無形的藩籬（例如年齡、性別、個性、志趣等），能使感情更加融合無芥蒂。此外，好時光並不一定是奢華和繁雜，簡單的說說笑話、玩紙牌、下圍棋、唱卡拉OK，甚至於什麼也不做，每人各捧一本書共享一片寧馨書

香，都是家庭生活中上乘的好時光。

如何？親愛的讀者，現在您有把握打造一個美滿的家庭了嗎？對於寶寶而言，他將從中學會分享、關懷與愛的眞諦，對於您來說，一份甜美窩心的感覺將分秒常在心頭揮之不去，《教子有方》在此先預祝您的美滿家庭早日落成。

我的想法

我們在上個月曾經爲您討論過如何幫助寶寶發展出「客觀的本領」（perspective-taking skills，詳見第三個月「客觀的本領」一文），也就是從別人的立場來看世界的能力。接下來，我們要爲您介紹一個層次更高的成長里程碑，也就是學者專家們常稱爲「我的想法」（theory of mind）的心智能力。

所謂「我的想法」，指的是幼兒們在成長的過程中所逐漸發展出對於(1)我有自己的想法，和(2)我的想法不同於其他人的想法，這兩種概念的體認。一般說來，幼兒在差不多四歲的時候，即會表現出「我的想法」某種程度的成熟與發展。

緣起

兒童心理學家們相信，人類可能早在兩歲的時候，即擁有一些如細嫩幼芽般對於「我的想法」的了解。譬如說，當兩歲的寶寶對媽媽說：「媽媽不要生氣」的時候，這正表示出他多少明白自己的感受和媽媽的感受有所不同。此外，學者們也發現，兩歲的寶寶會「見人說人話，見鬼說鬼話」，因爲身旁不同的人，而改變自己的行爲，這同樣也透露出他懂得一些「人人都有不同的想法」。

然而，兩歲寶寶的思想畢竟是以自我爲中心的（egocentric），即使是等寶寶長大到三歲的時候，他仍然會理所當然地認爲，世

界上每個人的經驗和想法都完全相同,而這唯一的一種想法,就是他自己的想法。

不再虛實不分

在寶寶大約四歲的時候,他會發展出一些粗淺但正確的「於腦海中盤算」的能力。這表示四歲的寶寶目前正快速地懂得了自己腦中所想的(例如「好吃的冰淇淋」)和存在於真實世界中的(例如「冰箱中的冰淇淋」),是風馬牛毫不相干的兩回事。

舉個學術上有趣的例子來說,一塊塗上了顏料看起來像是一塊石頭的海棉,在不滿四歲的幼兒眼中,那就一定是一塊石頭(因為他們不懂得實際與外表之間的差別)。然而,在四、五歲的孩童看來:「這塊海棉雖然很像是一塊石頭,但是它畢竟是一塊海棉!」(他們已能正確無誤地分辨出其中的虛實)

長了小小的心眼了

更有意思的是,四歲的寶寶彷彿像是突然之間開了竅一般,開始弄清楚以下的三項事實:

1. 不同的人在這個「真實的」世界中,感受到的經驗也各自不相同。

2. 一個人對於一件事情的看法與體認是會改變的。

3. 人的思想左右著人的行為,即使是一個不正確的想法,人也會忠實地去執行。

如果我們出一道趣味問答:「小狗來福『真的在』沙發背後睡午覺,王先生『認為』來福在後院裡,請問王先生會先去哪兒找來福?是沙發背後?還是後院?」一個三歲的幼兒多半會回答:「沙發背後!」因為那是來福「真的在」的地方,但是一位四歲「長了心眼」的寶寶,則會因為分辨得出「真的在」和「認為」之間的差別,而根據以上所列的三項原則說出正確的答案:

「是後院！」

知己知彼，百戰百勝

　　親愛的讀者們，請別小看了這項在成人的感覺中是理所當然、毫不稀奇的思想方式，對於四歲的寶寶而言，代表了他已擁有「我的想法」的概念，在生命的蛻變成長過程中，這絕對是一項重要且值得慶賀的突破喔！

　　怎麼說呢？「我的想法」不僅是心理學上的一個術語和一個定義，在實際的生活中，更是我們與人相處時，分秒不可缺少的「必須品」。想想看，在人與人，「你」、「我」、「他」的來往之中，每個人是否都要懂得「我們各有各的想法，各自的想法也不盡相同」的道理？唯有當每個人都能將「我的想法」嫻熟地運用不失誤之後，人際關係才會更加圓融順暢。也就是說，「你我想法不相同」的先見之明，是「知己知彼」的序曲，更是與人交往「百戰百勝」的第一步。

　　這層道理放諸四海皆準，對於四歲的寶寶也不例外。學術研究早已證實，四、五歲的幼兒「我的想法」觀念愈成熟，所擁有的「社交手腕」也就愈「高段」。在「我的想法」思考邏輯中，寶寶會試著去了解別人的想法和感受，如此才能發展出重要且優良的「交友之道」，奠定日後「極佳人緣」的好基礎。

潛移默化造就好寶寶

　　家長們該如何助寶寶一臂之力，成功地發展「我的想法」此一重要概念呢？很簡單，您只要時常做到以下的兩件事，「我的想法」不僅會不知不覺地在寶寶腦海中扎根，還能藉著不斷的練習，繼續萌芽、成熟並發展成生命中「理所當然」的一份哲學。

　　首先，養成習慣對寶寶說：「嗯，這件事情媽媽需要想一想。」、「爸爸早上答應寶寶今天要去動物園，但是現在我改變

主意，我們去海邊玩好嗎？」或是：「我覺得紅色的很好看，藍色的也好看！」讓寶寶有機會多多窺探「他人」的思想方式，藉此明白一個人對於一件事可以有不同的想法，也可以因為外在因素的改變，而產生了新的想法。更重要的是，寶寶會因此而懂得，原來他周遭人物的各種行事作為，全都是聽命於那些存在於大腦中「無嗅、無味、無色、無形、無體」的想法。

其次，多多詢問寶寶的意見：「今天中午想吃什麼啊？」、「寶寶你來看，媽媽該穿這兩雙鞋之中的哪一雙才好看呢？」或是：「寶寶想出去走走嗎？去哪兒呢？」這麼一來，寶寶便不得不在自己的腦海中，搜尋自己的意見和想法，久而久之，「我的想法」就會在重要的時刻不請自來，即時出現了。

在此，我們必須提醒家長們，有許多四歲的寶寶仍然沒有辦法同時在腦中思考多種不同的念頭，也就是說，他們目前只能應付是非題而非選擇題，家長們在設計問題時，請稍加留心，以免弄巧成拙，反而弄得寶寶一頭霧水，茫然失措。

瞧！造就一個懂得敦親睦鄰的小生命，其實並不困難嘛！

電視的魔力——三之三

延續前兩個月我們對於電視的討論，本文繼續為您闡述電視對於孩子的文化觀和性別角色特徵（sex-role stereotypes）所產生的影響，以及家長們對於孩子看電視這件事所能採取的一些實際的防禦措施。

性別、族裔皆不平等

在美國這個民族大熔爐中，電視節目對於兒童們所灌輸有關種族及性別的觀念，許多時候已遠遠超出家庭、學校和宗教三方面共同的教誨，因此也成為家長們不得不重視的問題。

　　根據研究顯示，除了少數屬於教育性質的電視節目（如芝麻街）特別重視多元文化的平均展示，大多數的電視節目普遍地忽略了少數民族（如非裔、西裔、亞裔及原住民）的存在，他們所扮演的通常不是主角，戲份也都只是少量地點到為止，所演出的角色更是普遍性地侷限於社會中下層的人物與職位。

　　除此之外，電視節目中，義大利裔多半與黑社會地下幫派有關聯，南美拉丁族裔人士則必定販毒走私。

　　至於男女角色方面，雖然大部分的婦女都有一份正當的職業，但在電視節目之中大多只見到婦女們在家的一面，而少見出現在專業的場合。偶爾在電視節目中所出現的「職業女性」，她們的工作幾乎千篇一律是傳統保守的職務（如護士、老師或祕書）。除此之外，女性的形象也多是柔弱、被動和十分的情緒化。相形之下，電視節目中的男性則多半活潑外向、英武健壯和理性睿智。

　　至於電視廣告的內容，則是更加的發人省思。根據統計，電視廣告拍攝女性角色時，多半使用柔和的燈光、輕緩的音樂和溫婉的節奏，反之，當廣告中男性角色出現時，則大多搭配迅速的畫面轉換、目不暇給的快動作和熱鬧的樂聲。整體說來，電視廣告中的女性通常是「不務正業」，整日「附庸風雅」，逛街、喝茶、聽音樂、塗指甲油、畫眼線、約會……等，十分的「養尊處優」。最後附筆一提，老年人在電視廣告中的模樣，十之八九是病弱無助、健忘和惹人厭煩的。

　　總之，每週觀看電視超過二十五個小時的兒童，從電視節目和廣告中所吸收的文化及性別角色認知概念，要比每週看電視少於十小時的兒童們多出許多，並且也強烈得多。

守護之道

　　看電視對於成長中的幼兒既然是弊多於利，家長們該如何盡

到護守寶寶心靈思想不受影響的責任呢？以下是《教子有方》為您所預備的十項「法寶」：

1.試試看，家中的電視是否能保持在一種「常關」（而非「常開」）的狀態，唯有在收看經過挑選後有益於孩子心智發展的節目時，才準時（不必提早）將電視打開。

如果您覺得要做到這一點是「不可能」、「門兒都沒有」、「比登天還難」的話，那麼請您務必要多想想，只要是家中電視「打開」的時間，其他有益於孩子身心雙方的活動，包括了與人交流、跑跑跳跳、搭積木、玩拼圖、讀圖畫書和塗鴉等的活動，就會全部被「關掉」喔！

親愛的家長們，《教子有方》邀請您再試一試，別放棄，絕對不可「不戰而敗」地成為電視機的手下敗將。

2.至少，您要能對寶寶看電視的時間設定一個上限。根據許多的研究報告所顯示，看電視看得最少的學齡前幼兒，他們在四肢體能、心靈智慧和社交人緣方面的發展，不僅是同齡兒童中的佼佼者，日後在學校的成績和表現，也都明顯地較為成功和突出。

也許您會問，幼兒看電視的時間多長才算是合理呢？有些學者們建議，學齡前兒童每天看電視的時間不應該超過一個小時，但是，即使是短短六十分鐘的節目，如果內容不恰當，對於孩子的影響，仍然是弊多於利。

3.為寶寶挑選良好的電視節目。當然囉，色情暴力、怪力亂神等不健康的內容，絕對淘汰；無病呻吟的連續劇、內容空洞的脫口秀或是整人遊戲也都不值得投資寶貴的「成長時間」；而專為幼兒設計的節目，如經多年歷久不衰或是曾經得獎被肯定，都是不錯的選擇。

請記得，要在節目結束時立即關掉電視，以免寶寶「意猶未盡」，好奇地想要看一看「下一個節目演些什麼？」而沉迷其中

無法自拔。

4.切忌「聘請」電視做「保母」。千萬不要在您與人交談、忙碌或疲倦的時候，利用電視來「打發」寶寶。要知道，雖然電視機是一位廉價又有本事的超級保母，但是一旦**寶寶養成習慣**漫無目的消磨時光看電視，那麼日後您可能會要花上十倍、百倍，甚至於千倍的心力，才能破除寶寶的這項「惡習」！

除此而外，連身為大人的您也要小心，不可輕易地陷入電視機誘人的圈套之中喔！

5.鼓勵寶寶，並且幫助寶寶培養愛看益智性電視節目的習慣與興趣，在不影響寶寶身心發展的原則之下，如果寶寶要看電視，那麼家長們應該誘導寶寶觀看教育性的節目。有些孩子剛開始的時候可能會比較喜歡卡通影片之類的節目，但是只要您稍加堅持，優良的益智節目也能引起孩子的興趣。

6.不要讓寶寶單獨看電視，即使您不能坐下來「全程陪伴」，也請您要待在「雙眼瞄得到」、「雙耳聽得到」的範圍之內，大致了解節目的內容，然後養成好習慣，看完電視和寶寶一同討論節目內容。問問寶寶：「你覺得陌生婆婆送給白雪公主又大、又紅、又香、又甜的紅蘋果，她應不應該吃啊？」要知道，電視節目中有許多「負面」的內容，正可用以機會教育，讓寶寶了解人生醜惡的一面！

7.教導寶寶抱著懷疑和不信任的態度來觀看電視廣告，告訴寶寶：「這個『鏘鏘果』看來又脆又好吃，但是會讓你吃進很多的糖、油和色素，你的身體會不喜歡呢！」教導他要以健康的立場，而不只是色、香、味的角度，來面對食物廣告。

您還要讓他知道：「唔！這個電動火車看來的確很好玩，但是我們已經有了一組小火車了，再買一套，沒有時間玩，家裡也放不下，不如讓給那些沒有火車的孩子好嗎？」廣告中看來「不錯」的商品，並不是統統都要買回家。

8.利用電視節目和廣告中所吸收到的資訊，作為引導寶寶閱讀書籍的「誘餌」。如果寶寶對電視節目所演出的鯨魚感到興趣，那麼您可以帶寶寶上一趟圖書館借一些有關於鯨魚的圖片及書籍，一鼓作氣地增加寶寶對鯨魚的了解，您還可以趁機為寶寶介紹其他的海洋生物，以及水底世界的奧妙。

9.延續以上的想法，有心的家長們可以藉機帶寶寶去海邊走走，甚至於安排一趟出海的行程，做一次尋鯨之旅。在家中，您也可以考慮製作一個紙雕水族箱，讓寶寶從另外一個角度來享受研究鯨魚的快樂。

如此，家長們可以利用電視節目來擴大寶寶對於世界的視野，踏出腳步，真正地進入這個世界，而不只是侷限在電視機的小框框之中。

10.考慮購買一些高品質且富於教育意味的錄影帶或光碟，如此您即可完全掌控寶寶所觀看節目的內容及時間，反覆重播寶寶喜愛的部分，在需要停止的時候暫停……，教導寶寶做一名不被電視所控制、完全自主的觀眾。

P.s.‥‥   提醒您 ！

❖ 務必藉著「知子莫若父與母」一文，摸清寶寶的心性，和他站在同一陣線喔！
❖ 快快建立屬於您的「美滿家庭」。
❖ 別忘了展開對抗「電視」之戰。祝您馬到成功、旗開得勝！加油！

迴 響

親愛的《教子有方》：

謝謝您為我的「小樹苗」提供了這麼多意想不到的神妙肥料。照顧並教育學前兒童是一件十分繁忙的工作，我有兩個學齡前的女兒，每天忙得團團轉，實在是沒時間翻閱坊間各種「被稀釋」過的「大量」育兒新知，更加沒法兒將不同書籍中片段零散的資料組織起來。

您們的文章淺顯易讀，精簡扼要，而又如此有系統地涵蓋了龐大的知識，對我來說，真是再貼切適合不過了。

謝謝您！

蘇美麗
美國內華達州

第五個月

當寶寶小的時候

還記得當寶寶剛出生不久時，您曾經記下的寶寶日誌嗎？還想得起來，這本屬於寶寶的生命紀錄現在放在哪兒嗎？找出來看看，您當時所捕捉保存下來的美好印象，現在看來，是否喜怒哀樂全都珍貴，全都是無價的回憶？知道嗎？假如您手邊已保有這麼一份「寶寶紀念冊」，四歲的寶寶將能從中獲得難以數計的學習和無比的快樂。

幸福的感覺

寶寶紀念冊的好處多多，其中最爲寶貴的，首推您和寶寶在一次又一次重溫紀念冊的時候，所得到甜蜜窩心的親暱與愉悅，也就是所謂的「幸福的感覺」。

在一天二十四小時之中，隨便找一個時間，飯後十分鐘，睡前五分鐘，下雨天不出門的時候都好，只要您下定決心去做，找出寶寶紀念冊，和他分享過去四年來的點點滴滴，告訴寶寶一些他自己記不起來的那一段生命中的精采片段，保證您，幸福的感覺會立刻降臨到你們之中，將親子二人的心填充得滿滿的，並且久久不會消散。

交心的時刻

寶寶紀念冊也是打開心門，讓心中存封的感受傾囊而出的一味「引藥」，小小年紀的寶寶可以有機會分享父母的心情，家長們更可趁機多多了解寶寶腦中的各種想法、各種記憶，而能更加

拉近親子之間的距離。

流轉的思想

以純教育的角度來衡量，寶寶紀念冊除了可以促使寶寶想要說話想要表達自己的慾望、強力刺激語言發展之外，還可以幫助寶寶在許多心智方面的發展（如時間觀念、空間及次序的概念等），其功能絕不亞於任何市售的幼教書籍讀物。

想想看，在您為寶寶解說紀念冊時，是否必定會使用到如「去年」、「三個月大的時候」、「搬家之前的舊家」、「買了新車之後」等的字眼，對於寶寶來說，如此的學習不但是豐富好玩引人入勝，更有一學就會、印象深刻的絕佳效果呢！

不賴的我

寶寶紀念冊可以「活生生」地讓寶寶看到目前的自我，是多麼的了不得！當他親眼看見：「這是你還不會走路時，整天扶著沙發的模樣。」、「哇！還記得那時候每次寶寶自己吃飯，都會弄得滿頭、滿臉、滿身和滿地都是食物，好可怕喔！」、「瞧，只有四顆牙，整天都在流口水，所以總是穿著一件圍兜。」、「還記得那次全家去爬山，寶寶自己揹著小包包，走了好長一段路！」……。

親愛的家長們，要幫助寶寶了解他自己，建立穩固的自我意識，肯定自我，尊重自我並且珍愛自我，我們認為世上再也沒有比寶寶紀念冊更好的「教材」了。

假如您的寶寶到目前為止，一直都沒有一本屬於他自己個人的紀念冊，又或者您已經很久都沒有在寶寶嬰兒時期的那本紀念冊中，添加新的紀錄，那麼我們大力推薦並鼓勵您，現在，對，就是今天，正是為寶寶建立一本紀念冊的大好時機！請別以您沒有美學細胞、缺少藝術修養為藉口，更別以沒時間來推辭，為寶

寶的生命留下一些寶貴的紀錄，絕對不是一件難事，相反的，我們認為您不但可以勝任愉快，一旦開始了之後，您可能還會樂此不疲呢！

以下是《教子有方》提供您參考，可以列入寶寶紀念冊的好主意：

相片

隨意拍一些寶寶的相片，不一定是要最美的，角度取景也不見得要最標準，只要是清晰和真實的相片，吃飯、睡覺、發呆、幫忙收拾玩具，甚至於刷牙和坐馬桶都是不錯的「姿勢」，等到相片洗出來，別忘了加上日期，並在背後記錄下一些當時的心情。

您也可以在每一個月選一天固定的日子（如寶寶生日的日期）為寶寶拍一捲相片，邀請寶寶參與計畫這個每月一次的照相大事，任由他去選擇一切的服裝、背景、卡司和內容，這麼一來，寶寶不僅在拍照的當時能夠盡情享受這個屬於他的時刻，所拍出的相片，也會更加的具有紀念寶寶成長的意味。

美勞作品

預備幾個紙盒子，專為收藏寶寶的美勞作品之用。從寶寶塗鴉、剪紙、黏土等各式的創作之中，選擇一些精采或特殊的作品，請寶寶按個手印或是簽上大名，別忘了為他加上日期，然後仔細地加以保存收藏。

別以為這些作品目前看來毫不起眼，不值得如此大費周章，假以時日必定會樣樣都珍貴呢！

長大數據

寶寶的身高、體重、手掌和腳板的大小，也全都是值得記錄的生命痕跡，假如家人不反對的話，您可以找一片牆壁，在牆上以簽字筆定期為寶寶記錄下他的身高。

除此而外，穿不下而必須汰換的衣服鞋襪不妨保留一些，日後可以讓寶寶親眼瞧瞧：「哇！這麼小的手套，寶寶一歲的時候戴著這雙手套去拜年呢！」

童言童語

在一個小的記事本中，記下寶寶不時冒出令人噴飯的妙語、自編的歌曲和「漫天胡地」的演說。

這些屬於寶寶的稚氣言語，不僅在當時會使人打從心頭湧出愉快的笑意，日後如能藉著家長們的紀錄「重播」出來，更是一枚威力強大的幸福原子彈，將會為您的家庭帶來意想不到、無與倫比的美妙效果喔！

錄音錄影

e世代的科技如此先進發達，建議家長們考慮購買一台小型的錄音機和一台錄影機，為寶寶的生命留下鮮活的紀錄！

錄一段寶寶唱歌、打電話、喊「媽媽」和獨自玩耍時自言自語的聲音；拍一段寶寶吃飯、自己洗澡、幫媽媽澆花，甚至於生氣大哭時的畫面，您可以既輕鬆又完整地建立一套寶寶「電子回憶錄」。

逸事趣聞

為上述所提及的相片、畫作、身高記號、錄音帶、錄影帶，附筆添加一些有關於寶寶的「新聞報告」，舉凡當時的心情（「寶寶喜歡摸隔壁一歲小妹妹的沖天炮小辮子」）、事後的感受（「就是因為看了一場胡桃鉗組曲，寶寶從此愛上了芭蕾舞」）、特殊的喜好（「那一陣子寶寶特別愛吃白飯，每天除了白飯之外，什麼也不吃」）、難得的本領（「才一歲半哪！寶寶就會有模有樣地翻觔斗了！」）、令寶寶生氣的人和事（「每一次上美容院剪頭髮，非得哭到聲嘶力竭，驚天動地不可！」），以及周遭親朋好友對寶寶當時的評語（「小阿姨最愛說寶寶『可愛

極了』！」）等，您都可以信手拈來，憑著當時的感動，為寶寶的成長做一個忠實的報導。

　　親愛的家長們，您認為以上我們所為您建議的項目做來會吃力、費事嗎？您認為您沒有時間來處理這些繁瑣的小事嗎？《教子有方》建議您再多考慮一次，多給自己和寶寶一個機會。這些記錄的工作，其實只需要您在一開始的時候，建立一套適合於您全家生活的系統，養成習慣，不必預設進度，在輕鬆自然沒有壓力的情形下，不知不覺，您即可成功地為寶寶存留了一份寶貴的紀念冊！

　　一份珍貴的紀念冊，能夠為寶寶捕捉許多他自己尚且無法完全掌握的生命，我們認為這一份心意及其對於寶寶的價值，將遠超過任何物質的禮物和玩具，您同意我們的看法嗎？何不試試看，其實並不會太費事，也不會花您太多的時間呢！

寶寶眼中的「寶寶」

　　在兒童心理學中自我意識（self-concept）的定義，代表的是一個幼兒所了解，他自己，和存在於外在世界中人與物之間的各種關係。

　　可曾想過在寶寶的眼中，他自己是什麼樣的一位「寶寶」呢？根據他的觀察，這個「寶寶」很重要嗎？他會不會覺得這個「寶寶」不是一個好人呢？

　　在幼兒成長與發展的過程中，很重要的一點，就是他必須要能清清楚楚地看出，自己在這個世界上所扮演的角色，是多麼的舉足輕重，也就是說，您的寶寶必須知道，他自己是一個十分重要的人。

自信能補拙

許多心理學研究結果都發現，學齡兒童在學校的成就與表現，和他們的自我意識存在著十分緊密的同步關係。也就是說，自認為不如人，沒有自信的孩子在學業上的表現也多半比較差，反之，那些感覺自己還不錯，認為自己不算太差勁的孩子們，所表現出的成績，果然也比較出色，比較優秀。

聰明的讀者可能立刻會質疑，在自信與優良表現的同步關係中，何者為因？何者為果呢？為了要找出這個問題的答案，學者們曾經針對同一群幼兒園的兒童做研究，先做了智商測驗（I.Q. test，測量寶寶智慧的功率）和自信心測驗（測量孩子自我認知的程度），等過了兩年之後，再對這一批孩子進行包括了讀、寫、拼音三項的學科測驗。

這項追蹤研究的結果，很清楚地讓我們看出，幼兒自我認知的程度（如自信、自愛和自尊、自重）較之於幼兒本身的聰明程度，更加能夠促成孩子在課業上的成功。

也就是說，沒有人能夠擔保一個聰明的孩子將來一定會成功，中國人常說的「小時了了，大未必佳」也正是此意。但是，對於一位自信滿滿的兒童，我們卻可以十分大膽地預測，這個孩子長大之後一定會很有出息。

自信心既然是一份具有如此「神效」的「成功保證書」，家長們該如何才能早早為寶寶種下強烈深厚的自我意識，加強寶寶正面的自我認知呢？以下是我們為《教子有方》的讀者們所歸納整理出的三項重要原則：

讓寶寶知道您愛他

每一個生命，都至少需要擁有一份深刻且無條件的愛，四歲的寶寶成長之中稚嫩的生命更加不例外。寶寶需要藉著他在您心目中的重要性，來肯定他自己，確認他自己！

　　因此，親愛的家長們，請您務必要打開心門，大方、熱情，並且經常以實際的行為（如親吻、擁抱）和言語（「心肝寶貝小甜心！」或是「爸爸每天下班後最想快點回家陪寶寶去散步！」），毫不吝嗇、毫不保留地讓寶寶知道您對他的愛。或許您的個性向來保守，行事向來拘謹內斂，又或許您不習慣也不懂得如何表達內心的感受，那麼我們認為您更加應當快快把握目前寶寶還小的時機，比較容易「在四下無人的時候大膽一些」，開始練習對寶寶「示愛」的功夫。否則，等寶寶愈長愈大，幾年之後，說不定真的會變成一項「不可能的任務」喔！

　　此外，即便是在寶寶做錯事，惹您生氣的時候，都請您留心出自口中責備的話語，努力讓寶寶明白您對他的愛絲毫未滅，他仍然是您心愛的寶寶，但是他所做的事卻令您非常的不開心。千萬不可因為寶寶的一件錯誤，就完全否定了他整個人在您心中的價值。請家長們留神，類似於「寶寶又打破飯碗啦！媽媽討厭你！現在回到房間中不許出來，免得我一看到你就要生氣！」等絕情的狠話，以後可不能再說了喲！

和寶寶同仇敵愾面對失敗

　　請您仔細想一想，當您因為寶寶的失敗或是錯誤而教訓他、修理他和管束他的時候，所採用的是不是一種親子對立的抗爭作風？寶寶心中的想法是否為：「天啊！媽媽光火了，她現在是我的頭號大敵人！」而您自己的心中是否也在想：「真是令人心煩！沒生寶寶之前，我是多麼的輕鬆快樂啊！」

　　假如您對以上的問題所回答的答案是肯定的，那麼《教子有方》建議您利用現在，快快把握時機，修改一下您的習慣，變換一種方式，讓寶寶明白，其實您的氣急敗壞和怒氣衝天絕對不是要讓寶寶「好看」，更不是要給他一點顏色瞧瞧。相反的，您只是恨鐵不成鋼地為他感到心焦，而您所希望的，純粹只是寶寶不

要再犯同樣的錯誤。

因此，下一次，當失敗和錯誤再一次橫阻在寶寶面前的時候，請您要期許自我，理智冷靜地和寶寶「並肩作戰」，以您的人生經驗與歷練，幫助寶寶在戰勝失敗的同時，不但不會失去了自信，反而能更加肯定您對他的愛。

對寶寶說：「怎麼又打翻湯了呢？還記不記得？喝湯的時候一手用湯匙，另一手要扶著碗？來，現在我們收拾乾淨，再盛一碗湯，媽媽陪你好好練習一次！」

千萬不要再說：「壞寶寶又打翻湯了，喝湯要用湯匙，說過多少次了就是不肯聽，下次再忘記，要『打斷』你的手！」

絕對不騙人

四歲的寶寶看起來雖然還只是個「小不點兒」，但是他並不是個傻小子，更不是個蠢丫頭，如果他闖了禍，栽了觔斗，或是吃了驚，他小小的心眼裡是比誰都清楚的。因此，當寶寶「槓龜」或是「碰壁」了的時候，他不需要您「虛假的」安慰，您不必故意哄寶寶：「咦，寶寶怎麼哭了呢？這組積木搭得其實不賴嘛！」您更不需要騙他：「王哥哥不是不跟你玩，他累了，要關上房門睡一下！」

相反的，家長們此時該做的，是勇敢地陪伴寶寶共同面對這個「令人不悅」的「事實」，並且迅速主動地謀求解決之道。鼓勵寶寶：「真糟糕，今天寶寶搭積木怎麼會一直垮呢？別難過，爸爸陪你一起來想想辦法！」幫助他接受並且消化一些「難以忍受」的「痛苦」：「王哥哥做功課的時候，不喜歡寶寶在旁邊吵他，所以他進房間關上門不讓寶寶進去。別難過，等王哥哥做完功課，說不定就會打開房門，願意和寶寶玩了！」

別擔心您的寶寶承受不住這些「事實」，只要有您的支持與指引，您的「誠實」，反而會讓寶寶更加清楚地看出您對他的肯

定與期許，懂得「人生不如意十之八九」，無需氣餒，不必自怨自艾，只要打起精神，勇於正視問題，努力謀求對策，一切終將峰迴路轉，迎刃而解。由此，一份堅韌的信心和自我意識，即可逐漸在寶寶心中滋長與茁壯。

四歲的寶寶目前所面臨的一門重要「功課」，就是要能在這個龐大的世界中，找到一個他可以「恰如其分」置身其中的角落。在尋尋覓覓的過程中，他難免要嘗試許多不同的意念與想法，也很自然地會需要家長的領導與扶助。因此，《教子有方》鼓勵家長們，您要努力給予寶寶學習和成長的空間，讓他能在其中自由地成功和失敗，同時，也要讓寶寶知道您分分秒秒都隨侍在側，如果他跌倒了，他要學會自己爬起來，但是您會為他包紮傷口，並且在需要的時候助他一臂之力。

親愛的家長們，只要您將本文多讀幾遍，勉力行之，相信用不了太久的時間，一個樂觀並有自信的「教子有方寶寶」，即將神采飛揚地呈現在您的面前。

 ## 訓練聰明的小耳朵

人類藉著五種不同的知覺（視覺、聽覺、味覺、嗅覺和觸覺）來和外在的世界接觸，因此，成長中的幼兒必須鍛鍊他們的各種知覺，以提高五官的「接收品質」。

本文為您介紹兩種簡單、有趣、又好玩的親子活動，幫助您「磨尖寶寶的小耳朵」！

這是什麼聲音啊？

對寶寶說：「閉上眼睛！」（確定寶寶沒有偷看！）

隨意發出一些聲音（用手敲敲地板、敲敲牆壁、桌子、電腦鍵盤、冰箱門等，或是用不同的物體，如叉子、鉛筆、筷子、鑰

匙等去敲同一個鍋蓋），問問寶寶：「這是什麼聲音啊？」

別以為寶寶應該會每一次都答對！試試看，和寶寶更換角色，蒙上您自己的雙眼（不許偷看！），讓寶寶來發出聲音。這個遊戲頗富有挑戰性唷！

「寶寶聽到了什麼嗎？」

這個遊戲的玩法，是什麼也不做，和寶寶安靜地坐著，問問寶寶：「你聽到了什麼嗎？」也可以告訴寶寶您自己聽到的是些什麼聲音。許多時候，你們所聽到的很可能是風馬牛毫不相關的呢！試試看，也許您聽到的是電冰箱馬達「隆隆」轉動的聲音，而寶寶聽到的則是窗外遠處輕微的鳥叫。

找一個您自己十分悠閒的日子，錄下生活中各種不同的聲音（如爸爸洗澡、媽媽炒菜、燒開水、電話鈴聲、汽車喇叭聲等），逐一播放給寶寶聽聽看、猜猜看，全部聽完之後，還可順便考考寶寶：「是先聽到狗叫聲還是電鈴聲啊？最後聽到的是什麼聲音呢？」

就是這麼簡單，不費吹灰之力，不需昂貴的玩具，您和寶寶不僅可以共享許多美好的時光，寶寶的聽力更可因此而變得敏銳和聰明。

畫黑板

每一個孩子都喜歡畫黑板，還記得小的時候，偷偷跑上講台在黑板上寫幾個字的感覺有多棒嗎？告訴您一個祕密，您四歲的寶寶同樣也愛畫黑板。

願意為寶寶準備一小塊黑板嗎？您可以購買一塊市售的小黑板，也可以自己動手為寶寶做一塊。隨意找一片木板，刷上幾層

黑板漆，晾上足夠的時間，買一小盒粉筆，再加一塊抹布或黑板擦，就算大功告成啦！

　　假如您實在不想費事地為寶寶張羅一塊黑板，那麼您也可以試著光以粉筆來為寶寶提供以下的經驗。

塗鴉的學問

　　幼小兒童的信手塗鴉看在大人的眼中，似乎只不過是一堆「寶寶的亂畫」，但是對於兒童本身而言，這些「自成格局，自有章法」的線條，其實正帶領著他們發展出對於文字、圖案和幾何造形更加深刻的領悟。兒童的塗鴉會先從一些線條、一些稜角和一些弧度開始，而漸漸地演變出明顯的圖形、數字和文字。

　　也就是說，在您眼中四歲寶寶的「鬼畫符」，其實並不是毫無任何意義，反而是「暗藏玄機」，頗有一番道理在其中呢！

基礎塗鴉

　　曾經有學者（Rhoda Kellogg）將幼兒的塗鴉分為三個階段。三歲多的孩子所畫出來的「東西」可稱為基礎塗鴉。在這些塗鴉之中，包括了二十種不同的基本「畫法」（如下圖所示），「明眼人」從一個孩子的「作品」中，很快即可猜出這個孩子的年紀。

中級塗鴉

　　四歲的寶寶，已能將基礎塗鴉中的二十種圖形自由組合與變化，畫出全新的造形（如下圖所示），我們稱這一個階段的塗鴉為中級塗鴉。

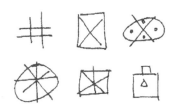

高級塗鴉

　　等寶寶再大一些，大約五歲的時候，他的作品會變得十分的有模有樣，讓人一眼就能看出他在畫些什麼（如下圖所示）。至此，我們雖然稱之為高級塗鴉，但是寶寶利用紙和筆所創造的作

品，其實已經不能再算是塗鴉，而可稱得上是「畫作」了。

粉筆＋紙

　　讓寶寶用不同顏色的粉筆，在不同材質的紙張（如書面紙、道林紙、卡片紙、報紙和磨砂紙等）上作畫。寶寶能夠從此種作畫的方式中，自我練習各種不同的形狀和圖樣，不同的顏色，不同的紙張，再配合寶寶下筆手勁的輕重緩急，所產生出變化萬千的效果，將在寶寶心中留下十分深刻的印象。

粉筆＋紙＋水

　　選擇一些稍有厚度的紙，在水中浸濕之後，讓寶寶試著以粉筆來作畫。這麼一來，寶寶除了會領略到濕的紙和乾的紙所產生不同的效果之外，他也必須學會運筆不可太重，以免弄破了畫紙。對於寶寶而言，這可是一項十分有趣的挑戰呢！

 # 當寶寶被人戲弄的時候

　　或早或晚，您心愛的寶寶必定會遇上一個會戲弄他的玩伴，這個玩伴會故意說一些話，或是做一些事來傷害寶寶的心，令寶寶覺得煩惱、難受不好過。

在常見幼兒彼此戲弄的情形中，一定有一個孩子會不斷地以不懷好意的綽號（如「大胖子」、「四眼田雞」、「矮冬瓜」等），或是挑釁的舉動（如拉髮辮、趁人不注意時用手戳人的背、故意擋住別人的路等）來找另外一個孩子的麻煩。

根據兒童心理學家的觀察，在幼兒從兩歲到六歲的這一段時間之中，玩伴之間肢體性的侵犯動作（如推人、打人和踢人等）會逐漸地減少，取而代之非肢體性的針鋒相對（如上文所述的言語戲弄），則會逐漸白熱化。也就是說，兩歲的幼兒們彼此會扭打翻滾，搶奪一件玩具（有趣的是，這件玩具可能雙方都不是真心想要，他們純粹是為了爭奪而爭奪），但是五歲的孩童，卻多半會用言語（如譏笑和嘲諷），來表達對於對方的不滿。

還記得我們曾經討論過，您的寶寶近來所逐漸發展出的「客觀的能力」（perspective-taking skills，詳見第三個月「客觀的本領」）嗎？客觀的能力使幼兒能夠設身處地，由其他人的立場和角度來看事情，因此，他們可以更加了解別人的個性、心情和感受，也更加懂得如何臆測他人的想法，利用他人的弱點，攻破心防，達到戲弄他人的目的。

家長們該如何保護自己的孩子，不讓他成為幼兒彼此戲弄的受害者呢？以下是《教子有方》為您的寶寶所預備的「刀槍不入金鐘罩」，請家長們別忘了要快快為寶寶穿上喔！

三十六計，走為上策

走為上策？沒錯！記得告訴寶寶，走為上策！

一般說來，幼兒戲弄他人的目的，有絕大的部分是為了要製造一些使自己開心的「笑料」，因此，最好的「破解」之道，就是以不變應萬變，來個相應不理，讓「作怪」的孩子自覺無趣地停止他的攻擊。對於您四歲的寶寶而言，最好的相應不理之道，就是離開現場，將自己這個「活靶子」移開「仇家」的視線範

圍。因此我們建議，走為上策！

想想看，當一群小朋友挑中了一個「倒楣蛋」，開始對他「集體圍攻」時，如果這個孩子「正中下懷」地大哭起來，或是開始「瘋狂地反抗」，那麼一夥孩子們必然會覺得這件事情太有意思了：「讓我們再戲弄他一番，看看他會不會哭得更大聲？」、「會不會更加用力揮動兩傘來打人？」……。

相反的，如果這個「倒楣蛋」的反應是「毫無反應」，那麼這群孩子也就沒什麼好戲可看，反而必須尋找其他的玩耍方式。

在幫助四歲的寶寶練就「走為上策」高招的過程中，家長們可以運用以下的幾題「應用題」，來訓練寶寶的本領：

1.先表演給寶寶看，如果有人戲弄您，您的反應會是如何。例如您可以請另外一位家人假裝是「仇家」，不斷地對著您喊：「肥婆，肥婆，出海不愁，人家有船，我有肥婆！」讓寶寶看到您是如何神色自若地「充耳不聞」，不受任何影響。

2.接著下來，輪到寶寶了。問寶寶：「告訴媽媽，如果有人一直來推你，你該怎麼辦？」請家人所裝扮的「仇家」開始每隔一分鐘就去推寶寶一下，試試看，寶寶能不能做到「不為所動」，或是「走為上策」？假如他第一次表現得不好，沒關係，請改天再找個機會來和寶寶多多演練幾遍。

3.當寶寶已經對「被推一下」的戲弄完全「免疫」之後，您可以再改換另外一種「假」的戲弄（如拍他的頭），以便能多方面磨磨寶寶「走為上策」的能耐！

經過這些「精心設計」的「演習」訓練後，寶寶在不幸面臨真實的狀況時，會懂得現在所發生的是怎麼一回事，會冷靜地應付，會自信地知道自己該如何「走為上策」，成功地「全身而退」。

親愛的家長們，請別小看了「走為上策」的威力喔！

洗手的好習慣

　　如果您還沒有開始培養寶寶洗手的好習慣，那麼現在正是一個不錯的好時機！

　　當然囉，勤於洗手最大的好處，在於可以有效地阻止病菌的傳播，這一點我們無需在此贅述，但是我們想提醒家長們，清水洗手不能殺死細菌，因此洗手時務必要使用肥皂（液體肥皂的效果要比固體肥皂來得好）。此外，洗完手後擦手的毛巾必須是清潔乾燥的，事實上，擦手紙巾是阻斷細菌孳生最好的方法。

　　什麼時候該洗手呢？飯前、廁後、觸摸了小動物之後，和剛從戶外回到家中時，寶寶都應該澈澈底底、好好地洗個手。

　　四歲的寶寶現在所養成的洗手好習慣，將會成為一生陪伴他的健康保鑣，親愛的家長們，我們鼓勵您以身作則，開始培養寶寶洗手的好習慣，別忘了在浴室中為寶寶安排一個小板凳、一小罐液體肥皂和擦手的紙巾，讓寶寶可以在您的提醒之下，得意洋洋地自己去洗手。

 ## 是寶寶聰明？還是父母填鴨？

　　這是一個真實的故事：

　　小華的父母都是碩士，小華的媽媽在生了小華之後，即辭職在家全心教育小華，從小華一歲多時開始，媽媽就在餵他喝奶，拍哄他睡覺的時候數數兒，先是從零數到十，然後是二十、五十、一百，然後倒數，十到零、二十到零、五十到零、一百到零，小華兩歲多一點的時候已會有模有樣自己數數兒，而且能從零數到一百。漸漸的，媽媽會在牽著小華上菜市，或是搭乘

公車，或是洗澡的時候教小華：「一加一等於二，一加二等於三，……」經過幾年精心的調教，小華在還不滿五歲的時候，就已學會加法、減法，背會了全套九九乘法表，除此而外，小華還會背誦全本《三字經》，三十多首唐詩，認得了上千個方塊字，知道銀河系中各大行星的名稱……。

　　親愛的家長們，試問寶寶的表現是來自於天生的聰明（父母都是資優生）？還是後天的調教？

　　沒錯，生於二十一世紀的寶寶，從小所面臨的競爭與壓力，是會龐大到寶寶和父母都被壓得喘不過氣來的地步。父母們不得不從小就正視寶寶的教育，以爲孩子日後的成功奠定不敗的基礎。那麼四歲的寶寶是否應該每日演算數學、練習寫字和閱讀，在做學問的跑道上「起跑」了呢？

會背答案的小鸚鵡

　　或許讀者們不相信，但是確確實實有許多的幼兒們會因爲父母的「強力洗腦」，也會因爲要取悅父母，而像隻小鸚鵡般地將許多的「知識」一股腦兒強硬死記在心，然後在必要的時候，有口無心地背誦出來。

　　幼兒們這種單純的背誦，並不能幫助他們對於知識的本身多一分認知和了解。由上述小華的例子來分析，當小華背誦九九八十一的時候，他多半還不了解「九籃蘋果」中，每一籃有九個，所以蘋果總共是八十一個的道理，當然囉，「千山鳥飛絕，萬徑人蹤滅」的意境，他更是完全無法領會的。這種模仿覆誦的「行爲」，並不能算是學習，也無法爲日後的學習打下任何有用的基礎，那麼，又何需多此一舉呢？

　　不幸的是，許多「求好心切」的父母們，會在寶寶「初試驚人的啼聲」後，大大地予以肯定和讚賞：「哇！寶寶已經會算分數啦！眞是聰明得不得了！」反而促使孩子更加努力和更加認眞

地，做好一隻「超級小鸚鵡」。

　　那麼您也許會問，對於成長中的寶寶，是否就該任其自由發展，完全不必教導了呢？我們的答案是否定的。成長中的寶寶必須要學習，父母們也必須要盡到教導的責任，但是務必使學習的種子往下扎根，小心避免表面的「學習假象」，才能確保孩子日後的成就得以開花結果，獲得真正的大豐收。

貨真價實的學習

　　要讓寶寶能有真材實料的學習，最重要的第一步，就是要為孩子提供花樣繁多、富於教育意味的遊戲環境和機會，使寶寶的心智和想像力得以自由自在地舒展生長，朝他喜歡的方向盡情鑽研。

　　要能做到這一點並不難，訣竅在於為寶寶安排大量正確的「玩具」，如圖畫書、積木、拼圖、黏土、紙筆，以及其他各式各樣教學性的玩具，使寶寶的生活環境和遊戲間，不僅看來就像是一個教室，實質上也正是一間寶寶的學習教室。當他在其中玩耍的時候，也正是上課的時間，而您就是寶寶最重要的老師。

　　許多家長們喜歡從寶寶的臥室開始著手，在牆上貼滿各式數字、幾何圖形、英文字母或是注音符號，間隔中再夾雜一些寶寶心愛的卡通人物，讓寶寶可以興味十足地，熟悉並且學會這些重要的基本知識。除此之外，家長們也可自由利用寶寶有興趣的各種活動，來引發孩子學習的興趣。這麼一來，真正的學習即可自然且愉快地在生活中，隨時隨地以各種活潑的方式來進行。

　　親愛的家長們，請您要記住，最佳的學習唯有在寶寶有興趣的前題之下才會發生。當寶寶主動開始問：「這是什麼？」、「為什麼天會黑？」、「阿姨在做什麼？」的時候，也是家長們將知識對寶寶「傾囊相授」的大好時機，您應該要「認真負責」地努力回答寶寶的每一個問題，不可馬虎也不可偷懶打混，直到

寶寶完全滿意了才可停止。即使寶寶一而再、再而三地問了好多遍相同的問題，您仍然要耐著性子，不厭其煩，一遍又一遍地為寶寶解說，直到寶寶將這份新知完全消化、吸收，不再發問為止！

不論如何，家長們請務必隨時自我提醒，千萬不可讓寶寶的學習變成爸爸教，寶寶聽，或是媽媽說一遍，寶寶跟著唸一遍，然後再重複唸十遍的刻板形式。因為這種生澀僵硬、填鴨洗腦式的學習，不僅事倍功半，效果不佳，對於親子雙方而言，都是相當沉重、不堪負荷的重擔，很容易半途而廢，徒勞無功。

畢竟，四歲寶寶的著眼點是「有趣」，而您的出發點是「教育」，所以在生活與遊戲之中，讓寶寶十分有趣地來學習，才可算是最佳的學習方式。

最後，讓我們再回頭想想本文一開始時所述小華的故事，小華的媽媽到底該不該如此用心良苦地「造就」寶寶呢？這個問題的回答見仁見智，兒童心理學家們的看法也不盡相同，但是《教子有方》和許多學者專家們都相信，不必刻意強迫學齡前的兒童去「做學問」，因為如果寶寶需要花時間正襟危坐，專心地「做學問」，那麼他做其他事情的時間（如體能運動、社交活動、扮家家酒等）就自然會減少。同時，「做學問」這件事本身所帶來的壓力，不僅容易傷害到寶寶目前幼小的心靈，對於日後他在學業方面的表現，更是毫無助益。

親愛的家長們，現在您知道該如何進行對於寶寶的教學了嗎？

哈，逮到一個好寶寶！

曾經有一群老師相約要多多強調學生們的「好表現」，少去計較那些令人頭疼不已的「壞行為」。因此，他們不再去糾正班

```
┌─────────────────────────┐
│                         │
│        好事禮卷          │
│                         │
│         ×××             │
│      ──────────         │
│      （學生姓名）        │
│          因為           │
│       ×××××××           │
│      ──────────         │
│      （優良表現）        │
│     而獲得以下獎賞：     │
│       ×××××             │
│      ──────────         │
│      （獎賞內容）        │
│                         │
└─────────────────────────┘
```

上的學生：「王大中，你上課又不專心了，老師剛才問的問題是什麼？不知道？站到教室後面去罰站三分鐘！」相反的，他們大量地讚美學生的優良表現，並且以頒贈「好事禮券」（如上圖所示）的方式，來提供實質的獎賞：「李小明，老師要送你一張『好事禮券』，因為老師剛才看到你上課的時候比平時還要努力和認真。」沒有多久的時間之後，班上的學生居然「自動自發」地乖了起來，雖然偶爾還會有淘氣鬧事的事件發生，但是比起之前，已經是大為進步了。

動心了嗎？親愛的家長們，您同樣的也可以利用這個「哈！逮到一個好寶寶！」和頒發「好事禮券」的方法，來激勵四歲寶寶自動求好爭取獎勵的「上進心」。

先製作一些空白的「好事禮券」（手繪、剪貼、電腦製作或是如上圖我們的示範都可以），準備好了之後，您即可伺機而發，開始靜待「捕追」寶寶好表現的機會（一聲禮貌的「謝謝」、自己收拾整理玩具、一個可愛的微笑，或是乖乖的吃完飯等），出其不意地給寶寶一個意外的驚喜。

　　建議家長們在「逮捕好寶寶」的時候，要不斷翻新並變化寶寶「被捕」的理由和原因，同時也要練習「論功行賞」的藝術，更重要的是，您所發出的「好事禮券」一定要是寶寶樂於擁有，能夠欣然接受的。一個深情的擁抱、做媽媽二十分鐘的主人、上街可選一樣價錢合理的玩具或禮物、一包爆米花、到爸爸辦公室去一趟等，都會在四歲寶寶的內心留下深刻的印象，促使他再接再厲，努力爭取下一張的「好事禮券」。

　　最後，您可以將寶寶最近的一張「好事禮券」，用磁鐵貼在冰箱門上，以「詔告家人」的方式，來表揚寶寶的優良事蹟！您還可以幫寶寶將他所得到的每一張「好事禮券」，全都收在一個小盒子之中，作為一份寶寶成功進步的溫馨紀念。

　　這麼一來，寶寶會懂得，有許多益人且利己的言行舉動，不但會引起別人的注意，會使人打從心底感到高興，更能激發出許多「好上加好的後果」。由此，一個「好事連連」的良性循環即會因而產生，每一個身於這個循環中的人，包括寶寶自己，都是受益者，都是大贏家！這麼天大的好事，連四歲的寶寶也會記得，要多多努力使其不斷發生。

 提醒您 ❗

❖ 不可偷懶，要為寶寶整理成長紀念冊喔！

❖ 別忘了要千方百計讓寶寶明白您愛他。

❖ 快快為寶寶穿上抵擋戲弄的「金鐘罩」。

迴 響

親愛的《教子有方》：

我一定要讓您們知道，《教子有方》的每一篇文章都深深打動我的心，也幫助我能真正的參與，真正的享受小女的成長。

因為有了《教子有方》每個月不斷的提醒，我才沒有忘記要躋身參與小女的各種活動，也才恍然大悟，這對於小女的發展來說有多麼的重要。

真是十二萬分的感謝您！

麥竹
美國加州

第六個月

愛現得不得了

如果您對別人說：「這是我的孩子，他四歲。」寶寶的反應可能會是趕緊搖搖手大聲說：「不對、不對，我四歲半！」有些孩子還會說：「我不是四歲，我*快要*五歲了！」

大人們此時多半會有默契地相視一笑，然後對寶寶禮貌地「敷衍」一番：「喔！對不起，媽媽說錯了，寶寶四歲*半*，四歲*半*！」心裡卻正在偷笑，四歲和四歲半只差六個月，有什麼大不了的呢？

其實，大部分的家長們所不知道的是，對於近來諸事「逐漸開了竅」的寶寶而言，四歲半和四歲不只有差別，六個月的時間幾乎就像是「永遠」一般久了呢！

原因在於，您的寶寶現在有許多的看法和想法，都已和他三歲或四歲的時候大為不同了。舉一個簡單的例子來說明寶寶和一年前（甚至於半年前）的不同之處，請您仔細想一想，在寶寶三歲的時候，如果您問他：「寶寶拿著積木在做什麼啊？」他當時的回答會是什麼？想不起來嗎？沒關係，因為大多數三歲的孩子對於這個問題的答案都是：「我在玩！」

但是，當您問四歲半的寶寶：「你拿著積木在做什麼啊？」時，寶寶會一本正經地回答：「我在搭一棟房子，你看，這裡是樓梯，這裡是屋頂……」也就是說，四歲半的寶寶在玩搭積木的時候，已不再像三歲時只是單純、無目的地搭積木，現在他的腦筋可是很認真、很有目的地在「創造」一些「作品」哪！

這是一種想要表現自己很能幹的衝

動，親愛的家長們，這就是您四歲半寶寶最大的特徵，他「愛現得不得了」，他什麼事都要搶著去做，對於每一件落在他手中的「任務」，也都會全力以赴認真努力地去做。現在，就讓我們一起來瞧瞧，寶寶近來到底有些什麼了不起的表現。

什麼都懂一點

四歲半的寶寶對於阿拉伯數字、注音符號、方塊字和英文字母都感到極大的興趣，他尤其對於自己的名字感到特別的「有感情」。因為這份濃厚的興趣，寶寶會一直問、不停地問：「這是什麼字？」同時他也會一直學，不停地練習，並且不斷地將他已經學會的部分，「炫耀」地、不厭其煩地大聲唸出來。

除此之外，寶寶對於外在環境的興趣也是十足的濃厚，他已能將環境中的物體依顏色、大小、形狀，甚至於質料，來正確地分門別類。他可以有板有眼地比較不同的物體（比大小、比長短等），還能將一件事情的每一個重要環節，全都依序排列清楚（例如先拉開鞋帶，再脫鞋，再脫襪……）。

整體來說，寶寶現在對於「外在環境」中的「事」，可說是每一樣都懂得一點點，但是每樣卻都不完全懂。雖然如此，他還是會迫不及待地讓人知道「他很懂」。沒錯！四歲的寶寶就是這麼令人發噱。

不安靜的聽眾

您近來是否發現，要想從頭到尾、不被打斷地唸一本故事書給寶寶聽，已經是一件愈來愈困難的事了？四歲半的寶寶會興奮地不時重述您所說的故事內容，他也喜歡「加油添醋」和「預測未來」，吱吱喳喳說個沒完，使得您的故事很容易一不小心就說到「爪哇國」去了。

因此，雖然四歲半寶寶的注意力已能集中較長時間不中斷

（大約二十分鐘），但是在為寶寶說故事和唸書的時候，最好的
方式是每隔一小段時間（大約二十分鐘）即停下來，大人可以休
息一下，寶寶也可以宣洩一下積壓在心中不吐不快、非「現」不
可的意見和想法，如此，親子雙方才可水乳交融地做到「思想不
撞車」的地步。

能文也能武

　　因為四歲半的寶寶大小肌肉的發展都已十分的靈活敏捷，他
會「忍不住手癢」和「忍不住腳癢」地整天跑來跑去，跳上跳
下，向前走、倒退走，單腳站立（大約五秒鐘），還會單腳前後
左右跳……，他甚至還會「附庸風雅」地隨著音樂的節拍搖晃身
體，拍手起舞！

　　寶寶的一雙小手也是時刻不得閒的，他可以畫圖、上顏
色、剪紙、黏漿糊，他還學得會折紙（對折、再對折、再再對
折……）、貼郵票、拆信封等「有氣質」的工作。

　　沒錯，您四歲的寶寶的確是一位「動靜皆宜」的好寶寶。

明察秋毫

　　在五官知覺的辦識能力方面，四歲半寶寶的本領也已經是相
當的高明了。用他靈敏的雙手，寶寶可以摸得出粗糙和光滑、厚
和薄之間的不同；他小小的耳朵，聽得出大聲、再大聲、最大
聲，小聲、更小聲和最小聲；小小的眼睛認得出各種各樣不同的
人物、動物和常用的日用品；小小的鼻子分辨得出香蕉、橘子和
洋蔥的味道；小小的舌頭嚐得出酸甜苦辣、冷熱軟硬……。當
然，藉著他「不得了」的表達能力（請見下文「不得了地會說
話」），寶寶可以「豪情萬千」地讓周圍的人全都知道他有多麼
的「棒」！

不得了地會說話

四歲半寶寶的說話能力正在飛快的進步和膨脹，他有的時候已經可以一口氣說出一句包括了十個字的長句子。除了會重用小嘴告訴別人他所有的本事，寶寶也會藉著說話更進一步地了解他自己。

寶寶已能清楚且正確地指出大部分身體部位的名稱（如頭、眼、耳、鼻、嘴、手、腳、膝蓋等），他也說得出自己的全名、小名，甚至於綽號和英文名，背得出家中的地址、重要的電話號碼、自己的生日、年齡、排行等，這一切都可增進寶寶自我認知的程度，並且深刻地鞏固正在萌芽之中的自信心。

在與人交往方面，寶寶除了可以和同齡的玩伴「人模人樣」地交往，他和大人之間的「社交應酬」，也已發展得「有聲有色」了。

總而言之，四歲半的寶寶對於這個世界仍然好奇，仍然會問許多的問題，仍然喜歡冒險搜奇，學習新的事物。他非常有自知之明，知道他該學的知識還有很多，但是對於他近來的各種「長進」，寶寶也非常迫切地想要從大人們的讚許和肯定中，得到確認。

親愛的家長們，現在您了解為什麼四歲半的寶寶會如此慎重，如此要求嚴格地宣布：「我是四歲半」，「不是四歲，快要五歲了，但是還不滿五歲」的道理了嗎？下一次當寶寶再有如此反應的時候，您可得和他「同仇敵愾」「一個鼻孔兒出氣」，千萬不可在肚子裡頭偷笑喔！

您是編輯，寶寶是作者

還記得我們曾在寶寶四歲兩個月時，為您所提供培養寶寶閱

讀興趣的好方法嗎？（詳見第二個月「一份一生享用不盡的禮物」）如何？經過您過去這幾個月來的努力，寶寶是否已「逐漸上勾」愛上了閱讀呢？您和寶寶近來都在讀些什麼書？知道嗎？在您爲寶寶所擬定的好書清單之中，有一套超級棒的好書，您是編輯，寶寶是作者，出版的日期就是「近期內」，您準備好了嗎？

「什麼？要自己爲寶寶出版一套書？」

沒錯，親愛的家長們，您從現在開始，即可爲寶寶編排一組親子二人同心合力、手工製作的絕佳好書。

「天哪！書店中滿坑滿谷兒童書，居然還要自己動手爲孩子做書？我不是昏了頭，就是吃錯藥了！」

請您先別緊張，也別害怕，爲寶寶做幾本書並不是一件難事，您和寶寶在製作的過程中，除了能夠共享許多愉快的好時光之外，寶寶的大作還可在日後爲他自己提供一遍又一遍的閱讀機會，增強寶寶的閱讀習慣，促進知識的成長。當然，這些書也會是寶寶十分足以自豪的成就喔！

硬體製作

首先，對於生平從來沒有親自做過一本書的家長們，讓我們先爲您解釋書本的「硬體」製作方法。

封面和封底

您可以利用舊筆記本的封面和封底，也可以利用兩張大小相同的硬紙板，找一個輕鬆的日子，帶著寶寶一同設計並且製作封面和封底，發揮您美工的天賦，光是這一個部分，即可讓您和寶寶消磨大半天了。

內頁

找幾張白紙、作業紙或稿紙，幫助寶寶將紙張裁成和封面封底同樣大小。您可以先在紙上畫好線，再讓寶寶用一把安全剪刀

慢慢地剪，鼓勵寶寶剪得平整又好看，趁機讓寶寶自己多鍛鍊小手小肌肉的靈活程度。

裝訂

用打洞機在封面封底和內頁的一側打上三個洞，您可以先標示好打洞的位置，再讓寶寶自己慢慢摸索，嘗試著「能幹地」將裝訂的孔洞全部打好。

利用橡皮圈、毛線、緞帶或是鞋帶，將三個洞分別閂上或是如縫衣服般地，沿邊縫成類似線裝書冊的書軸。

接下來，真正精采的部分──製作書的內容，即可開始「動工」啦！

軟體製作

家長們可以依隨著寶寶的喜好和想像，來編輯出各式各樣不同性質的「寶寶書」，以下是《教子有方》為您整理出的一些歷久不衰的經典題材，供作參考。

寶寶的一天

建議您可先找一個「平凡」的一天，將寶寶從早到晚所做的每一件事全都拍一張相片（起床、刷牙、吃早點……睡午覺、去小公園玩、……和爸爸一起搭積木、洗澡……等）。帶著寶寶將這些相片依序排好，黏貼在事先已做好的書頁上，留下一些空白，讓您可以為寶寶記錄下這一天的生活和當天的日期。

最為貼切的方式，是由寶寶口述一張一張地說，家長們一張一張按照寶寶的語氣來加以記錄：「我睡覺，穿黃色的睡衣，好舒服呢！」、「刷牙！」、「荷包蛋，最好吃」、「我會自

己洗澡，媽媽要幫我洗背！」別忘了，家長們在記錄「寶寶的一天」時，字跡務必要整齊清楚，尺寸要夠大，不可太細小，如此，等寶寶稍微再長大一些，他即可很容易地就唸出此書的精采內容。

親友錄

同樣的，家長們也可以為寶寶拍攝日常生活中所經常接觸到的親朋好友，甚至於玩具狗熊、布娃娃等的相片。如果寶寶願意的話，他也可以自己繪出心目中親友、寵物的肖像。

您可以請寶寶為每一張相片，或是畫像中的人物做一些說明，然後由您為寶寶寫出他的想法，等過幾年寶寶會認字讀書之後，這本親友錄必能在寶寶的閱讀排行中金榜得名！

人生剪影

我們稱這一類的「寶寶書」為「主題書」。家長們可以和寶寶一塊選定一個主題（如動物、食物、感覺、人的工作、顏色、家具、氣味、大卡車、花草樹木、小昆蟲、水裡的草木、寶寶最喜歡的……等），然後，從報章雜誌中剪下各式切合主題的圖片，一一貼入寶寶的主題書中。

經由學習製作「主題書」，寶寶可以大開眼界，將這個世界中他所感興趣的層面，放大並仔細地研究。此外，他還可以自我訓練歸納分類的能力，將腦海中所累積的各種知識，條理分明地存檔入庫，大大提升日後旁徵博引的記憶力與推理能力。「主題書」真是一份不可多得的好「教材」喔！

感官書

這一系列的「寶寶書」，主要的目的是在考驗寶寶的五官敏銳程度，因此書名就是「眼睛書」、「鼻子書」、「舌頭書」和「皮膚書」。

首先您和寶寶可以找一些看來很相似的圖片（如牧羊犬和獅

子狗、椰子樹和香蕉樹、籃球和排球等），先貼在同一張書頁上，然後再仔細翻看每一組圖片不相同的地方，這就是寶寶的「眼睛書」。

在「鼻子書」中，您可以幫助寶寶黏上一小塊五香、一小片口香糖、一小團噴了媽媽的香水的棉花等，各式各樣氣味不同的物體。

各式樂器的圖片可以做成「耳朵書」；在可封口的小塑膠袋中分別裝入糖、鹽、酸梅粉和辣椒粉，訂在書頁上即可成為「舌頭書」；而利用家中各式零頭碎布所製成，摸起來軟硬粗細各有千秋的書，可稱為「皮膚書」。

瞧，這麼一來，您和寶寶不是已出版了全套的「感官書」了嗎？

好久好久以前……

這一本書純粹是寶寶的創作。隨意起個頭：「好久好久以前……」，再請寶寶「憑著靈感」接下去說，您可以先用錄音機或錄影機全程錄下寶寶的「原始創作」，然後再將這個故事分成許多的小段落，以大大的、簡單的文字記在「寶寶書」中。邀請寶寶為每一段文字都添上插圖，或貼上是他從書報中所剪下的圖片。

完成之後，寶寶還可以一邊從錄音帶中聽自己說的故事，一邊翻看這本書，這其中龐大的趣味和滿意，將是旁人所完全無法了解的喔！

寶寶的高見

這本書中所記錄的全是寶寶的感覺，你可以讓寶寶先選擇一個他願意多加發揮的主題（如我的弟弟、下雨天、爸爸打電腦、電梯、冰淇淋……等），然後再「抽絲剝繭」地將寶寶的想法層層剖析整理後，記在「寶寶書」中。

　　這本書的長度可長也可短，全憑寶寶當時的想法而決定。有的時候，家長們也可以考慮在寶寶的紀錄上註明「未完待續」及日期，以備記錄下日後在不同的時間、不同的空間和不同的心境中，寶寶所產生完全不同的想法。

　　同樣的，家長們還要大力鼓吹寶寶為每一頁的文字添加插圖，以能更加澈底地將寶寶的想法「浮上枱面」。

　　親愛的家長們，現在您還認為替寶寶製作「寶寶書」是件難事嗎？

　　「寶寶書」的好處多多，除了製作的過程「好玩得不得了」之外，置身於「作家」地位的寶寶，必定會成為他自己最忠實的讀者。在閱讀之中，寶寶可將文字、內容、圖片及媽媽解讀時的話語，全部在腦海中串連起來，大大地拓寬了寶寶知識的角度。

　　最重要的是，寶寶經由「寫書」、「出書」和「聽媽媽唸書」，必然會愛上「書」，愛上與書親近的感覺，也因而會愛上了閱讀。還記得嗎？這是您在寶寶的一生之中所能送給他的一項大好禮物。讀到這兒，您是否已摩拳擦掌，準備好開始和寶寶共同「出書」了呢？

爸爸動口，寶寶動手

　　以下我們為家長們設計了兩項大人動口、孩子動手的親子遊戲，幫助您在與子同樂之餘，還能伸展寶寶的想像力，並且為寶寶添增大量實用的字彙。

聽口令做動作之一

　　家長說：「手放在頭上。」寶寶照著做。
　　家長說：「手放在肩膀。」寶寶照著做。
　　家長說：「手放在大腿的兩旁。」寶寶照著做。

家長說：「手放在背後，手舉得高高的。」寶寶照著做。

家長說：「手指頭在天空中飛來飛去。」寶寶照著做。

家長說：「手指頭回到胸前拍拍手。」寶寶照著做。

家長說：「我的眼睛看得見。」寶寶做：雙手比圓圈如望遠鏡。

家長說：「我的嘴巴會說話。」寶寶做：大拇指和食指開合互捏。

家長說：「我的耳朵聽得見。」寶寶做：拱著小手放在耳朵後面。

家長說：「我的雙腿會走路。」寶寶做：食指和中指比出走路狀。

家長說：「我的鼻子可以聞。」寶寶做：食指碰一下鼻尖。

家長說：「我的牙齒會啃骨頭。」寶寶做：假裝食指是肉骨頭。

家長說：「我的嘴唇會吹氣。」寶寶做：吹出一個手掌心中的飛吻。

家長說：「我的手會寫字。」寶寶做：寫字的模樣。

聽口令做動作之二

大人說，小孩努力做。

家長說：「檸檬汁、檸檬汁，寶寶的小手擠呀！擠呀！擠！」

家長說：「喝茶、喝茶，寶寶的茶壺倒呀！倒呀！倒！」

家長說：「大橘子、大橘子，寶寶的小手剝呀！剝呀！剝！」

家長說：「小皮球、小皮球，寶寶的小手拍呀！拍呀！拍！」

家長說：「了不起、了不起，寶寶的小手拍拍手！」

手足情深──三之一

　　根據統計，有超過百分之八十在美國長大的兒童，擁有至少一位兄弟或姊妹。一項研究家長們為什麼會選擇生老二或老三的報告指出，大部分家長們所回答的原因不外乎是：「再生一個弟弟或妹妹給寶寶作伴，寶寶比較不會寂寞，也比較會懂得友善合群的道理。」

　　親愛的家長們，您知道嗎？一般說來，大部分四到六歲的兒童每天和兄弟姊妹們相處的時間，已超出他們與父母相處時間的兩倍多！由此可知，兄弟姊妹們對於彼此的成長所產生的影響，是多麼的大啊！

　　手足之間的互動，不論是良性還是惡性，都可為成長中的兒童清楚地描繪出「別人的」需要、「別人的」感受、「別人的」動機和「別人的」想法。除了這項重要的社交技巧之外，兄弟姊妹們在整日共同生活起居作息的交流之中，也有機會體驗和學習到「忠、孝、仁、愛、信、義、和、平」的優良品德。更重要的是，當衝突和競爭發生的時候，他們能夠藉著一次又一次的嘗試與錯誤，成功地揣摩出面對人際糾紛時所需的竅門。

　　無庸置疑的，每一個人和兄弟姊妹之間的關係都有「恨得牙癢癢的」、「發誓永遠不要再見到他」的一面，也有「酒逢知己千杯少」和「不分彼此」、「生死與共」的一面，在幼兒成長的過程中，這兩種層面對於孩子所產生的影響，有著等量的重要性。因此，《教子有方》將在本月先為您探討手足之間的各種良性互動，然後我們會在下個月為您剖析手足之間的惡性互動，為讀者們將生長在同一個家庭中的這一群孩子們，彼此之間的各種關係，做一個全盤的總整理。

天然感情？還是人工感情？

在討論良性的手足關係之前，讓我們先為家長們回答這個存在許多人心中的共同問題：「手足情深究竟是來自於先天的血緣關係，還是後天的交情使然？」

正確的答案是後者。正如一切的人際關係，歷久彌新、馥郁芬芳的手足情誼，需要後天苦心的栽培和機動性的不斷調適。然而，您也許不知道的是，良好的手足之情起源於父母親的態度和作為，在家長們正確的引導和鼓勵之下，一份強固的情感吸引力，在嬰孩剛出生的那一刻，即可發生在大哥哥、大姊姊和小弟弟、小妹妹之間。

從許多家庭的經驗之中，我們可以看出一個成功的模式，那就是，父母們可以在嬰兒小的時候，即將哥哥和姊姊納入成為「育嬰小組」的固定成員，鼓勵大孩子參與並分擔照顧弟弟、妹妹的工作。這麼一來，不僅哥哥、姊姊會突然之間懂事，也能幹了許多，大部分的家庭在小嬰兒尚未滿一歲前，許多的兄弟姊妹之間已儼然發展成「哼哈二將」、「三個臭皮匠」和「焦不離孟，孟不離焦」的「生死之交」了。

因此，我們的結論是，在「兄友弟恭」的背後，最大的功臣一定是父母；相對的，令手足「反目成仇」的「黑手」，也必然是父母。

親愛的家長們，如果您打算（或是已經）有兩個（或以上）孩子，那麼您必須從現在就開始，為了孩子們日後能夠擁有「是友非敵」的手足之情，下定決心，不惜改變自我，朝著以下的方向努力行之。

親情的使者

父母在孩子們之間所最應該扮演的角色，是促進手足之情的

親善大使。

　　要知道，家長們對待不同子女的方式和態度，是一份無聲無息但卻巨大無比、操控手足關係的原動力。舉例來說，學術研究曾經一而再、再而三地發現，在一個家庭中，如果父母們能以同等的親愛與熱情來對待他們的每一個孩子，那麼在良好的親子關係之外，優質的手足之情也會在不知不覺中油然而生。

　　相對的，如果父母給予孩子們的感覺是冷峻、凶狠和嚴厲不留情面的，那麼兄弟姊妹彼此之間所採取的態度，也必然是不由自主的仇視和敵對。

　　親愛的家長們，因為《教子有方》的作者群全都曾經為人子女、為人手足，也為人父母，所以我們深知此事大為不易。要能以公平不偏頗的態度，來對待每一位性情、年齡和性別全都不一樣的孩子，實在是一門超級困難的「愛的課題」。但是我們願與讀者們共勉，努力，努力，再努力！

　　試試看，能不能在您的家中製造一個「圓桌會議」的溝通時刻，也許是晚餐時間，也許是睡前閱讀時間，也許是周末全家爬山的時間，讓每一個孩子在這段時間內都能放心大膽地表露他自己，在充滿了溫馨幸福、愛與鼓勵的氣氛中，弱點可以得到扶助，優點得以表揚，那麼，父母們在扮演親善大使的同時，也能讓每一個孩子都感受到來自於全家人（父母和手足）那一份融洽無間的深情大愛，而將原有的失意、落寞和各種不平的負面情緒，全都一掃而空。

　　假如您試了幾次仍然不得要領，那麼我們願以國父孫中山先生「十次失敗，十次革命」的精神來鼓勵您，「大功尚未告成，父母仍需努力」，請您務必要繼續加油喔！

手足互動，因人而異

　　每一個家庭的兄弟姊妹之間，每一個人的個性、年齡、性別

和排行，所產生的各種互動模式，自然是完全不相同的。但是心理學家們爲了研究上的方便，將手足之間彼此所產生的影響，大致分爲直接影響和間接影響兩大類。

直接影響指的是，孩子們每日生活在一起時，對於彼此的語言、智慧、喜好及個性各方面，都會產生影響，中國人所謂「近朱者赤，近墨者黑」，就是最傳神的比喻。

間接影響是一種經由連環效應所引發的結果，如「殺雞儆猴」、「前車之鑑」等，都是屬於這一類的互動關係。舉個例子來說，在聽到父母規定哥哥或姊姊喝湯不可以出聲音的時候，排行老么的孩子會暗自在內心提醒自己，喝湯的時候不要發出響聲。

長幼有序，兄友弟恭

現在，讓我們一起來看看一般家庭之中，哥哥、姊姊、弟弟、妹妹們之間是如何相處的。

有一些滿有意思的心理學研究報告曾經指出，學齡前的幼兒會「見人說人話，見鬼說鬼話」地，以兩種截然不同的態度，分別和父母及兄弟姊妹們來往。您也許會覺得不可思議，幼小的兄弟姊妹們彼此之間「交心的程度」（如分享祕密、喜好興趣與內心感受等），可要比他們對父母的信任程度，要強烈得許多喲！

可以理解的，幼小的兒童對於自己的父母總是較爲敬畏和尊重，因此在彼此溝通的時候，也大多採取被動聆聽和不打岔的姿態，但是當他們和同輩的兄弟姊妹們在一起的時候，則可以毫無顧忌地打開天窗說亮話，痛痛快快地說個過癮。

同一個家庭之中，兄弟姊妹之間的感情，也會比和其他玩伴們之間的友誼來得深厚許多，尤其是在有特殊不幸事件發生的時候，兄弟姊妹們能夠提供彼此強而有力的安慰與扶持。譬如說，當父母吵架失和、重病住院或是有親人去世的時候，兄弟姊妹們

之間的感情會比平時更加的親密，更加的團結。同樣的，一個孩子如果和其他的小朋友爭吵絕裂，那麼他和自家兄弟姊妹的感情，也會突然之間變得更加情意深重。

此外，正如中國人常說：「長兄如父，長姊如母」，年紀大的孩子會是幼小弟妹們的小小老師和偶像。當然，大姊姊總是比大哥哥更加富有愛心和耐性，也更加能夠細心地顧及幼小弟妹的身心需求。整體而言，在這種「一個帶一個」的手足關係之中，除了幼小的弟妹是直接的受惠者之外，大哥哥、大姊姊們也可從中得到肯定自我、鍛鍊領導能力和培養責任感的實習機會。

獨生子女的隱憂

討論了這麼多手足情誼對每個孩子的好處，在本文結束之前，我們也願意提醒家有獨生子或獨生女的家長們，沒有兄弟姊妹共同成長，也並不是一件不好的事。

雖然在一般人傳統的想法中，獨生子女比較容易以自我為中心，比較任性，也比較容易被寵壞，但是近來已有愈來愈多的研究發現，獨生子女其實往往「一枝獨秀」，成就非凡，競爭力強，適應力也強，不論是與師長、親友或同儕相處，都表現得可圈可點，圓融愉快。

這其中的關鍵就在於，父母要能為獨生子女安排和其他孩子相處玩耍的機會。請注意，這些「學習社交技巧」的聚會成員最好和孩子具有某些共同點（例如繪畫、游泳的興趣），聚會的性質也必須是健康且富於正面的意義（例如合唱團、童子軍等），那麼獨生子女雖然沒有手足相伴，卻也能從與同齡朋友的交往中，得到類似的益處。

談完了手足之情的各種優點，我們將在下一個月繼續為您討論兄弟姊妹互動關係中負面的效應，也就是在每一個家庭中都會上演的鬥氣、吵架和打架的事件，以及一些中肯的建議與解決之

道，對於每一位家長而言，都是不可不讀的重要議題！

 # 當寶寶害羞的時候

慚愧自己行為不好，害怕膽怯不敢見人，叫做害羞，而一般人在一生之中多少會經歷幾次害羞的處境。當人在害羞的時候，通常會臉頰潮紅、心跳加速、雙手雙腿不自主的打顫、噁心反胃、口吃或是完全說不出話來。

有百分之四十的成人承認他們在公共場合人多的時候，會不由自主地感到十分羞怯，渾身不自在，舉手投足完全不知該如何是好。會害羞的孩童更加不在少數，四歲半的寶寶害羞的時候，多半是在與陌生的人事物接觸的時候，他會驚惶失措，害怕痛苦地「黏」在父母的身旁，或是「躲」在某個別人看不到的角落，怎麼樣也不肯出來，對於從來未曾參加過的團體活動，害羞的寶寶也多半會選擇在一大段安全距離之外，遠遠地「眺望」，堅決不合群、不參與。

都是害羞惹的禍

超過正常程度的害羞，不論是對大人還是對幼兒，都會造成情緒上極大的困窘和尷尬，而過分害羞的兒童，更會因此而發展出自認不如人、自怨自艾、自棄自憐等各種負面的心態，導致他們的社交表現十分的不成功。

這些因為害羞所引起的種種問題，又會彼此牽連，環環相扣，雪上加霜地對於寶寶的成長發展造成十分不幸的惡性循環。也就是說，若是一個孩子因為害羞而不敢與人交往，那麼他們的社交技巧也會因此而變得十分的笨拙生澀，使得他們益發容易害羞，在人多的時候更加裹足不前！這麼一來，這個孩子等於完全

喪失了學習與人交往的機會，無法累積足夠的人際經驗，也就是無法在社交方面有任何的長進。

更加令父母們不得不注意的是，害羞的孩子在肢體、情感及智慧的發展方面，也都會因為不良的社交表現而大打折扣。原因在於，人是群體的動物，一個學齡前兒童所必須面對的每一項成長里程碑，幾乎都離不開人群。

許多父母在面對孩子害羞的表現時，都會氣憤沮喪，不知如何是好，而這一層表露無疑的失望與心焦，卻又會如同催化劑一般，變本加厲地引發寶寶的害羞。

唉！這真是一個惱人的難題！

追根究柢

親愛的家長們，如果您也有同樣的問題，那麼您首先最應該做的事，就是先試著去了解，您的寶寶為什麼會害羞？

根據心理學的研究，害羞的原因包括了遺傳因素、本性使然、後天環境的影響和缺乏適當社交技巧等四個不同的項目。

遺傳因素

大約有百分之十到十五的嬰兒，在出生時即會因為遺傳基因的影響，而表現出不合群與害羞的特質。醫師們發現，這一類型的嬰兒們從出生的第一天開始，就會在人多的時候表現出心跳呼吸加速、四肢肌肉興奮悸動的害羞特徵。

本性使然

另外，也有一些嬰兒雖然並沒有遺傳因素的影響，但是從小就「自然而然」地會在與人交往時，十分的「不對勁」、十分的反常，專家們認為，對於這一類型的孩子而言，害羞的原因無他，正是本性如此的自然表現。

環境影響

生長背景和成長過程，也會使一個天性原本活潑外向的孩子，變得害羞與內向。舉例來說，父母如果本身十分內向不愛與人來往，再加上個性嚴謹，經常犀利地打壓孩子的自信心，那麼，孩子除了以父母為榜樣不善與人為伍之外，也會自慚形穢地不好意思在人前表露自我，久而久之，即造成了寶寶害羞的習慣，與孤癖的處世態度。

缺乏社交技巧

因為不懂得如何與人互相交往，所以這一類型的孩子害羞的原因十分簡單，他們只是純然的不知道該怎麼辦才好，他們需要學習和練習的機會，以便能增加與人相處的能力。

接下來，就讓我們來分析一下，家長們該如何才能帶領寶寶突破害羞的心靈障礙，建立樂觀開朗的人生態度。

請勿落井下石

首先，對於一個十分害羞的幼兒來說，以下所列的一些狀況，希望家長們能努力避免發生，以防孩子害羞的情形愈演愈烈，一發不可收拾。

1.切記切記，請您千萬不要當著寶寶的面，表達您對於他害羞舉動的各種不安與不滿，更不要因此而對寶寶發脾氣。因為，如果您一時控制不住自己的情緒，冷嘲熱諷或是聲色俱厲地

「刮」了寶寶一頓，那麼您唯一能得到的成果，就是一個因為自信心大受貶抑，而更加害羞的寶寶。

2. 不要忘記或是忽略了寶寶的存在。絕大多數害羞的幼兒都是安靜沉默，不會出聲表達自己的意見，因此，在許多的場合中，他們的存在與否似乎並不是那麼的重要，而他們的意見與想法也就更加無人理睬，乏人問津了。這麼一來，害羞的寶寶也就更加的沒有自信了。

3. 不要過分保護害羞的寶寶。諒解他的害羞，支持他的決定，陪他站在同一條陣線上，但是千萬不可過分保護寶寶，以免「縱容」他變本加厲地繼續「害羞」下去。

4. 不要因為寶寶害羞而嘲笑他（如「真是沒用，臉紅得像關公，還是一句話也說不出來！」），要知道，害羞寶寶大多十分的敏感，也十分在乎別人對於他的看法，他絕對不會喜歡聽到別人嘲笑他愚鈍不足的社交能力。

5. 不要強迫一個正在害羞的孩子做他不想做、也做不到的事，當家長們施加壓力強迫寶寶踏入人群時，反而會使這個孩子更加害怕地縮回他小小的安全世界之中，變得無比的退縮和膽小。

6. 不要讓別的孩子，或是兄弟姊妹欺侮害羞寶寶，這可能會使整個問題變得更加嚴重，後果令人難以收拾。

醫治害羞寶寶

親愛的家長們，請參考我們為您準備的超級法寶，以積極樂觀的態度，陪伴寶寶一步一步踏出「害羞」的捆綁。

1. 首先，您必須有一顆善解人意的愛心，懂得以溫柔敏銳的方式來對待孩子的問題。

2. 一個由熟悉的親友和舊識所組成的小團體，進行一些內容節奏分明、組織嚴謹不渙散的活動，通常是害羞寶寶較能踏出第

一步的試金石。

3.有的時候，如果上述的小團體中所有成員的年齡都比寶寶幼小，也較能幫助寶寶建立自信，消除害羞與緊張。相對的，如果小團體中有一位年齡較長、富有愛心且性情友善的孩子，也可充當害羞寶寶的「守護天使」，幫助寶寶克服內心的障礙，勇敢打開心門與人交往。

4.友情與來自友伴的鼓勵，永遠會比大人的「干擾」，更能治療害羞寶寶。當一個大人「介入」孩子們的溝通頻道時，不論大人的本意是多麼的友善，多麼的低調，此時每一個孩子的注意力，全都會自動轉移到這個大人的身上，孩子們原本進行中的互動會立即被打斷，這麼一來，害羞寶寶將會突然之間覺得自己被孤立了起來，全身不自在的感覺油然產生，令寶寶害怕得不知如何是好。

5.不必投鼠忌器地不讓害羞寶寶參與正常的社交活動。但是，當害羞寶寶正面臨著一個陌生的全新處境時，請家長們要記得尊重寶寶的感受，不要催促也不要施加壓力，任由寶寶以他自己的方式和節拍，來度過這段「適應期」。

6.事先的知會與預演，雖然會花掉父母們較多的時間和精力，但是絕對可以幫助害羞寶寶在「緊要關頭」時，快快進入狀況。

7.對於寶寶的害羞，家長們務必要以「平常心」待之，這是「人之常情」，也是成長的過程中必經的「痛苦」，只要您自己「穩住陣腳」，那麼旁人必然不會以異樣的眼光，或輕視譏侮的態度，來對待寶寶。

8.要想「連根拔除」寶寶害羞的問題，唯一的好方法，就是快快建立寶寶的自信心！（詳見《3歲定一生》第十一個月「增加自信心」一文）

9.假如寶寶的害羞經過了長時期的演變，不但沒有好轉反而

愈演愈烈，到了令家長們整日都頭疼的地步，那麼我們建議您徵求小兒科醫師或兒童心理學專家們的診斷，並請求專業的協助。

　　總而言之，害羞是幼兒成長發展的過程中正常的表現，父母們所能為害羞寶寶提供最佳的協助是了解、鼓勵和多多的愛，以信任的心態，不離不棄地陪伴寶寶努力克服害羞，勇敢踏入人群，盡情享受與人交往時的各種樂趣。

提醒您 ⚠

❖ 要保持君子風度，尊重「愛現寶寶」的表現喔！
❖ 請別找藉口，更別拖延為寶寶「出書」的計畫。
❖ 先回想一下您自己曾有的害羞經驗，再開始幫助寶寶破解害羞的困擾。

迴　響

親愛的《教子有方》：

　　身為忙碌的職業婦女，我始終沒有辦法花足夠的時間從市售各種「嬰兒與母親」類的刊物中，找到我所需要的幫助。《教子有方》逐月說明的方式，除了適時為我提供育兒的知識，也幫我節省了許多的時間。

　　《教子有方》不斷地提醒我這個沒有耐心的媽媽，孩子還小，只是孩子，而身為母親的我要有耐心、付出關心並且溫柔以待。《教子有方》幫助了我這個脾氣爆躁的媽媽控制自己不對孩子太凶。

　　非常的謝謝您！

彭世珊
美國喬治亞州

第七個月

語不驚人死不休

　　四歲多的寶寶多會說話得不得了，這一件事早已不是新聞了！隨著日益增進的語言表達能力，寶寶近來會對於「口中說出的話」所製造的各種效果，感到特別的有興趣！寶寶喜歡用他的小嘴嘗試發出許多的語音，也喜歡觀察別人在聽到他所發出的各種語音後不同的反應。別小看了四歲小寶寶的本領，他已能說出許多「令人大吃一驚」或是「為之噴飯」的「獨家話題」了喔！

　　除此之外，他也是個「加油添醋」的能手。四歲的寶寶說起故事來，有聲有色，精采得不得了。這是因為四歲的寶寶覺得，如果要吸引別人的注意來聽他說話，他說話的內容，就必須要「特別不一樣的好聽」，因此他會「情不自禁」地「誇大」，同時也「渲染」了許多的事實。

　　寶寶這點「小小的心眼」其實並不難了解，想想看，在這個世界上，是不是存在著太多太多在他眼中看來神妙有趣的「大事」，在周遭大人的眼中，卻只不過是稀鬆平常的「小事」？看在寶寶眼中許許多多令他眼界大開的新鮮事，在您的想法中，是否是毫不起眼的「陳腔濫調」？

　　正因為如此，寶寶會在對別人，尤其是對大人說話的時候，特別努力地添加一些「辛香」的「調味料」，使得您在聽寶寶說話的時候不禁要狐疑地反問：「是這樣嗎？寶寶你說的是真的？還是假的啊？」

　　四歲半的寶寶會興奮地衝到您的面前對您說：「快來看，後院來了好多好多小鳥，有好幾千百萬隻哪！」他也會睜大了雙眼告訴您：「剛才我看到牆上有一隻大蜘蛛，黑色的，有好長好長的腳，長得和電視機一樣大！」

　　親愛的家長們，對於孩子如此的語不驚人死不休，您該採取何種的應對方式呢？

切勿咬文嚼字，不可斷章取義

　　我們建議家長們先理智地想一想，對於一個四歲半的孩子來說，「幾千百萬隻鳥」和「幾十隻鳥」之間到底有多大的差別呢？而「和電視機一樣大」與「和手掌一樣大」之間又有什麼不同呢？我們心中其實很清楚，寶寶的意思並不是要像數學家一般計算出後院到底有多少隻鳥，他的用意只不過是想讓您知道「有『好多好多』鳥」！同樣的，寶寶也不是想要標準無誤地讓人知道蜘蛛的尺寸，他純粹只是想要強調「蜘蛛看起來『很大很大』」的這一件事實。

　　當您有了這層的了解之後，應該就不會「義正辭嚴」地板起一副「冬烘先生」的面孔來教訓寶寶：「怎麼可能有幾千百萬隻鳥？寶寶你說錯了，不是幾千百萬隻，是幾十隻！來，跟著爸爸重新說一遍，幾十隻鳥……」也不會故意拆穿寶寶的「西洋鏡」：「在哪兒？在哪兒？和電視機一樣大的蜘蛛在哪兒？這一隻？不是吧！這一隻只有我的小拇指這麼大啊！一定是寶寶剛才在騙人，根本沒有像電視機一樣大的蜘蛛對不對？」

放下身段，隨和湊趣

　　親愛的家長們，請試著在您的腦海中勾勒出一幅畫面，假如爸爸對寶寶的反應是：「哇！有幾千百萬這麼多隻鳥？那一定是多得不得了囉！走，我一定要趕快去瞧瞧！」此時爸爸是否已將此事的重心，成功且正確地轉移到寶寶所想傳達的意念本身，以了解和接受的態度來分享寶寶的心情？爸爸同時也避免了因為挑剔寶寶的語病，而破壞了「大好氣氛」的可能性，這一招「見風轉舵」的威力果真不賴喔！

聰明的爸爸還可以藉題發揮，把握住寶寶的好興致，告訴寶寶：「這些鳥好漂亮對不對？有白色的羽毛，咕咕地叫，這種鳥的名字是『百合鳥』，這麼一大群的『百合鳥』怎麼會停在我們的後院呢？」

同樣地，針對寶寶有關於「巨無霸蜘蛛」的美麗謊言，家長們何不「將錯就錯」地藉著這個話題來為寶寶上一堂「昆蟲學」，告訴寶寶：「喔！一隻特大號的蜘蛛，別害怕，大多數的蜘蛛都怕人，不會攻擊人類！」

《教子有方》給家長們的建議是，不必太緊張，何不縱容四歲的寶寶有一些說大話、吹大牛的機會，畢竟「人不輕狂枉少年」，寶寶需要一個快樂純真的童年呵！至於您，親愛的家長們，能夠有機會參與寶寶的童年，再年輕一次，又是多麼的難得啊！可別因為您的放不開，而讓這些大好的時光，匆匆自生命中白白流逝了。

閱讀暖身操！

有許多孩童在學齡之前（四、五歲的時候），就已經能夠自己閱讀一些文字淺顯的兒童讀物，然而，也有許多的孩子要等到上了小學一、二年級之後，才會開始認真地讀書。

一直以來，《教子有方》都建議家長們在孩子成長與學習的過程中，應該尊重每一個孩子各自的腳步與方向，千萬不可預設結果地催迫寶寶的發展。因此，對於寶寶是否已開始閱讀的這個成長里程碑，我們仍然不鼓勵家長們採取任何的「補習」活動，而應繼續耐心地等待並觀察寶寶的進度。

然而，家長們卻可以在寶寶正式開始認字和閱讀之前，帶領孩子進行一些暖身準備的親子活動，既可為寶寶打下閱讀的基礎，也可為您和寶寶帶來美好的共處時光。

從上超市辦貨開始

　　認字和看書的本身，尤其是閱讀中文字，其實是以最原始的辨識圖形能力為出發點，由簡易而繁複，逐漸演變而成的一種能力。想想看，我們在許多時候之所以會「認錯字」（例如把「國旗」看成「圍棋」），是不是因為這些字實在是「長得十分相似」呢？

　　因此，如果家長們想要測試一下四歲半的寶寶是否已可以開始進行閱讀暖身操，最容易也是最好的方法，就是試試看寶寶能不能從食品包裝紙盒上的圖形，認出他所熟悉的食物。

　　《教子有方》建議家長們常帶寶寶上超級市場去逛一逛，鼓勵寶寶在一排一排印刷精美的食品盒或是物品盒的貨架前，仔細瀏覽，學習從包裝上的圖案找到所需的食品及一切雜物。此外，有許多公司行號會設計獨具風格的商標（例如虎頭牌醬油的老虎造型），四歲半的寶寶可以先從辨識商標開始，練習以雙眼偵查獵取知識的能力，在不斷的斬獲之中，建立信心、培養興趣，進而更加熱切地踏入包含著更多造型變化的文字國度，養成喜愛閱讀的好習慣。

暖身裝備

　　除了多和寶寶逛超市之外，家長們也可利用各式超市常見的包裝容器，和寶寶在家中進行一些更加有趣的閱讀造型活動。

　　首先，家長們可以蒐集家中日常所食用和使用物品的空盒子，即使是完全相同的容器也可以，多蒐集一些。當您在打開罐頭食品時，請小心地從罐底開取，不要漬污了罐身上的紙圈，以能在清洗乾淨之後保有完整如新的外觀。

　　帶著寶寶一起將各式商品的包裝、標籤和商標品名剪下，分別貼在卡片紙上，讓寶寶可以清楚地看出卡片上所貼的是哪一種

商品的包裝。可能的話，您不妨多花些時間和心思，將同一型的包裝卡片準備大約三到五張。

有了這些暖身裝備，現在您可以開始帶領寶寶進行以下所列的四種閱讀暖身操啦！

成雙成對

發給寶寶幾張不同的卡片，您自己的手中則拿著兩倍於寶寶數量的卡片，其中必須包括了一套和寶寶一模一樣的卡片。

抽出一張您手中的卡片，亮給寶寶看：「瞧，紅花牌奶粉。」問寶寶：「你有沒有一張一模一樣的紅花牌奶粉呢？」等到寶寶正確地找出他自己的「紅花牌奶粉」，那麼他可以取走您的「紅花牌奶粉」，將兩張卡片湊成一對放在一旁。等到寶寶手中的卡片全部都湊成了一對時，他就算是「贏了」這一局。然後，寶寶可以和您互換位子，由他來做「莊家」。

家長們可以和寶寶自由變化這個遊戲，漸漸的，寶寶「瞄一眼就能看出端倪」的本事會愈來愈熟練，家長們也可在卡片上商品圖片的上方固定的部位，用黑色的粗筆寫出商品的名稱（如「奶粉」、「醋」、「牙膏」等），使寶寶能在每一次看到圖片時，都會順便看到這些「字型」，久而久之，寶寶即可在腦海中將這些字和實物的形象聯結在一起，而「學會了」這些字。

到時候，您即可製作一些光有「字型」、沒有商標圖形的卡片，來和寶寶玩這個「成雙成對」的遊戲。

對號入座

裁一張四倍於卡片大小的厚紙板，將四張不同的商品包裝分別貼在厚紙板上、下、左、右四個不同的角落。發給寶寶由同樣

四張商品包裝所製成的卡片，先示範給寶寶看，如何將四張卡片正確地放在紙板上所標出的「座位中」。如果寶寶很輕易地就完成了第一張紙板，那麼家長們即可試著讓寶寶同時「應付」二張、三張，甚至於四張不同的紙板，或是您可以用一張「超大號」的紙板，貼上八張，甚至於十六張商品標籤，再讓寶寶將正確的卡片逐一「對號入座」。

家長們還可以故意選擇一些看來類似，但卻不一樣的商品標籤（例如四種不同廠牌所出品的蘇打餅乾）貼在同一張紙板上，增加遊戲的難度，挑戰寶寶的眼力。

提醒您，當寶寶專心一意在為商標卡片尋找座位的時候，請務必拿出您的最佳風度，努力做到「觀棋不語真君子」的地步，不要插嘴，不要動手，更不要催促或打斷寶寶的思考，等到寶寶自己覺得全部完工之後，您才可以幫他檢查有沒有卡片擺錯了位置，然後再禮貌地請寶寶自行修正。

如此，寶寶才能真正地從這個遊戲中獲得「閱讀暖身」的益處，充分地鍛鍊起步之中的辨圖能力。

賓果遊戲

沒錯，這個遊戲寓教於樂，正是許多人熟悉且樂而不疲的「賓果遊戲」，您不但可以帶著寶寶玩，還可以邀請家人一起玩，在愉快的氣氛中，提升寶寶的學習興致。

首先，您要預備幾張遊戲紙，任何的白紙都可以，先在紙上以井字圖形平均畫出九個方格，空出最中間的一格，在周圍的八個格子中隨意貼上八種不同的商品標籤。

接下來，您可以剪一些和遊戲紙上的方格差不多大小的小紙板，用來蓋住每一個方格中的圖形。

現在，您可以開始和寶寶玩賓果啦！

將另外一組和寶寶遊戲紙上完全相同的商品圖形放在一個容

器中（空的面紙盒、皮鞋盒或空鍋子都可以），搖晃擺動一番之後，抽出一張亮給寶寶看：「哇！是上品肉鬆！」此時寶寶可以用小紙板將遊戲紙中的上品肉鬆蓋起來。如此，直到寶寶的遊戲紙上，有三個被蓋上小紙板的圖形能夠連成一條直線時，寶寶就算是「贏啦」！

　　稍微難一點的玩法，是在您抽取圖形的容器中，多放一些寶寶的遊戲紙上所沒有的商品標籤，使得寶寶沒有辦法在您每一次抽出圖形後，都能有蓋上小紙板的機會。

　　再難一些的玩法，是以方塊字作爲賓果的題材，讓寶寶從遊戲之中努力記住不同的字形，逐漸學會認得這些字。然後，您可以加入簡單的片語，和寶寶輪流做莊家，靈活地變化出各種有趣的玩法，藉此將閱讀的功夫，灌輸到寶寶的心田腦海中。

寶寶雜貨店

　　在家中找一個小小的角落讓寶寶自己開一家雜貨店，搭一個矮矮的貨架，使老闆兼店員的寶寶可以自由管理他的存貨。家長們可以利用貼有圖片的小型紙卡，將寶寶的貨架依物品的性質區分爲幾個不同的區域（例如罐頭區、餅乾區和調料區），然後，將事先蒐集好的各式空盒、空罐都交給寶寶，讓他慢慢地將貨架逐漸填滿。

　　當寶寶在排放整理貨架時，家長們可以採取低調的協助，但是請務必讓寶寶來完成整件工作。這個遊戲不僅能磨練寶寶辨識包裝圖形的能力，爲日後正式的閱讀做好暖身訓練，還能同時訓練寶寶分門別類、歸納整理的本領。

　　當寶寶整理好貨架，正式開張做生意時，家人們可以輪流上門買東西，問寶寶：「有沒有鹽？我還要一罐胡椒粉！」然後耐心地等待寶寶認眞負責地，將您所指定的貨品找出來交在您的手中。請您千萬別以爲這個遊戲十分幼稚與好笑，相反的，當您向寶寶買東西的時候，其實可以試著將好幾樣物品一口氣全說出來，挑戰寶寶專心聆聽的能力和記性，例如：「我要洗髮精、牙膏、牙線和沖洗隱形眼鏡的藥水。」一般說來，四歲半的寶寶一次所能記得的物品不會超過三、五樣，試試看，您的寶寶在經過了開雜貨店的訓練之後，一次能記得多少件物品呢？

　　接下來更進一步的玩法，是在紙片上寫下貨品的名稱，例如「嬰兒痱子粉」，將紙片交給寶寶，請他去貨架上找出這一件商品。這麼一來，寶寶雖然並不懂得「嬰兒痱子粉」的字義爲何，卻需要依照這幾個字型逐一比對貨架上的每一個商標，才能正確地找到這件貨品。

　　當然，您也可以交給寶寶一張寫了好多項物品和名稱的購物單，交給寶寶讓他「慢條斯理」慢慢地研究，仔細地比照，逐一將購物單上的貨物爲您辦齊。

　　最後我們願意提醒家長們，如果寶寶有時也想過過買東西當顧客的癮，那麼您不妨和寶寶互換角色，由您做老闆，讓寶寶來購物，這對於訓練寶寶日後的閱讀能力，也是一種十分有效的玩法喔！

學習盡在歡笑中

　　親愛的家長們，當您和寶寶進行以上所列的幾項閱讀暖身操時，您不僅可以幫助寶寶以穩健的腳步，踏上未來一生追求知識的旅程，您還可以從中觀察到寶寶的喜好興趣，以及目前的能力與程度。

　　請別忘了，要不時爲寶寶加油打氣，還要適當地喝采和即時

地安慰。如果您發現所設計的遊戲對寶寶來說仍然太過困難,那麼您應該暫收「收兵」,改換另外一組較為容易的遊戲,千萬不可太過求好心切,反而對寶寶施加各種有形和無形的壓力。

　　總而言之,一切教育性的親子遊戲都應以好玩,富於挑戰,能夠激發寶寶動動腦,但卻不是過分困難為大前題。本文所討論的閱讀暖身操也不例外,家長們不妨時時在心中自我提醒,您的目標是要引發寶寶對於閱讀的興趣,同時也從模擬現實生活的購物經驗中,讓寶寶明白閱讀的重要性。只要在每一次遊戲結束的時候,寶寶都能感到自己挺不錯、挺能幹的,並且有一種自信,知道只要他多玩幾次,多練習幾次,那麼他就能夠懂得更多,表現得更好,更有用,那麼煞費苦心的家長們即算是成功地完成了這項重要的任務。親愛的家長們,請您別忘了要全力以赴喔!

手足情深──三之二

　　延續上個月我們所討論,兄弟姊妹們從彼此的互動之中所能得到的各種益處(詳見「第六個月」手足情深──三之一),這個月我們要為您討論手足關係中令人不悅的一面,也就是在每一個擁有超過兩個孩子以上的家庭中,所必定會發生的爭吵與失和。

　　大家都知道(想必您也不陌生),兄弟姊妹之間彼此失和的原因千奇百怪,數說不盡。但是以心理學的眼光來看,手足不睦的癥結大多出自於彼此之間的妒嫉、厭惡和敵意,而這些負面的情緒,全都是從日常生活的點點滴滴之中逐漸產生的。身為父母的您,難免會為孩子們之間因為反目成仇所滋生出的各種事端而感到憂心不已,不知如何是好。雖然這個問題您不得不面對,一定要硬著頭皮試著去解決,但是請您也要以平常心來看待這個問

題，俗話說的好，家家有本難唸的經，天下沒有不吵架的夫妻，更沒有不鬥氣的兄弟姊妹，孩子們之間的爭吵打鬧，其實只是生活中，必然會發生的一件令人頭疼的事罷了。

手足不和其來有自

　　要能成功地「擺平」孩子們的爭吵，父母首先必須針對導致這些紛爭的原因做個全盤的審視，以能釐清問題的核心，及早對症下藥。

　　手足之間的不和睦，早自母親尚在懷孕時即已埋下「禍因」！一般說來，年長的孩子親眼目睹母親「莫名其妙」地性情大變，因為害喜而坐立吃喝全然不安，整日神經兮兮地，和人交談著一些帶著點忐忑不安、也帶著點興奮喜悅的祕密話題，家裡的氣氛好像也有種說不出所以然來的改變，隨著日子一天天的過去，一切也都沒有要回復原狀的跡象，寶寶心中的疑慮就如同一個逐漸鼓脹長大的肥皂泡泡般，突然有一天，這個肥皂泡泡脹破了，寶寶也恍然大悟地弄明白了：「喔！原來有另外一個孩子即將誕生於這個家中，而爸爸、媽媽正將原本屬於寶寶的關愛和注意力，迅速且大量地轉移到那個比他更小、更可愛、更需要照顧與呵護的孩子身上。」雖然寶寶還看不見這個躲在媽媽肚子裡，令媽媽整日想睡覺、沒有力氣陪寶寶的小嬰兒，但是寶寶已清清楚楚地感受到這個小弟弟或小妹妹所帶來的龐大威脅。

　　許多學術研究都已指出，當家中有新生嬰兒報到的時候，父母會自然且明顯地減少與家中其他孩子相處的時間，而這種情形有時會持續好幾年之久。除此而外，學者們也曾經發現，當一位母親同時和好幾名自己的子女共處時，這位母親不但會將較多的注意力放在年紀最小的孩子身上，同時也會對於老么的要求和需要比較有回應。

　　換了任何人處在這種「風華不再」的難堪處境之中，都會對

於這個新來的「空降部隊」感到一股無法克制的敵意和醋勁，幼小的兒童當然更加不例外。孩子心中各種「不是滋味」的「雜陳五味」，會從許許多多不尋常的行為舉止之中大量地流露出來。

寶寶可能會直截了當地對「敵人」宣戰，採取攻擊的姿態（如粗暴地搖晃嬰兒的小床，或偷偷地掐一把小嬰兒胖胖的小腿等），寶寶也有可能會間接地主動「縮小」自己，期望以「和小嬰兒比小」的方式，來爭取父母的注意（如寶寶會突然開始要求使用奶瓶喝奶，或是夜裡尿床、吃飯堅持要人餵等）！

除此而外，還有一種幼兒經常使用的伎倆，那就是在父母們正忙得焦頭爛額、手忙腳亂地「伺候」著小嬰兒時，寶寶會突然故意地使壞作亂（如推倒一張椅子，將皮鞋從陽台上丟到樓下，或是將口中的食物吐在地毯上等），一方面表達他心中對於這個場面是多麼的看不順眼，另一方面也贏回了父母對他的注意，即使是負面的注意（如責罵、管教等）也聊勝於無。

引爆爭端的導火線

一般說來，手足之間的戰爭在幼兒上學之前的這段期間，可稱得上是最激烈、最恐怖、最白熱化，也最令父母傷腦筋。

原因在於，幼兒在上學之前的生活圈仍然只侷限於家庭，除了他最熟悉也最依賴的父母之外，他並沒有其他任何「分量足夠」的情感支柱，也就難怪當小弟弟、小妹妹分走了他的半片天空時，他的反應會如此的劇烈。這層道理同時也說明了，為什麼同是學齡前的兩個孩子，如果歲數的差距少於三歲，手足之間的抗爭會比歲數差距大於三歲的情形要來得嚴重許多。沒錯，手足歲數相差多於三歲的大哥哥、大姊姊，在小弟弟、小妹妹出生之後，如果失去了父母的注意和關心，還可以從師長和同學們身上，尋求一些安慰和補償啊！

一些特殊的情形，如搬家、父母感情失和或家中有親人重

病，也都會導致學齡前的幼兒感覺自己頓失所依，而「心理不平衡」地在兄弟姊妹之間故意找碴和製造事端。

此外，還有一個家長們不可不知道的現象，那就是許多時候愈有父母們在場，孩子們之間的糾紛似乎愈是「沒完沒了，愈演愈烈」。其實，有的時候只要父母的前腳剛剛離開現場，人還沒有走遠，孩子們即已偃旗息鼓，重修舊好，相安無事地玩了起來。親愛的家長們，《教子有方》願意在此提醒您，當這種情形發生的時候，孩子們的行動所透露出的明顯訊息，是他們彼此之間正在為了爭奪您的注意力而拚得你死我活，建議您要即時省察您對於每一個孩子注意力的分配，是否平均，是否有改變？

公平不是一視同仁

親愛的家長們，當您一口氣將本文讀到此處時，是否會開始思考：「為什麼每一個家庭中的兄弟姊妹都會爭吵呢？」又是否您會開始自責「為什麼我會減少了對寶寶的注意和呵護了呢？」

答案其實很簡單，每一個家庭中的父母，對待他們的每一個孩子所使用的方式與態度，必然是不一樣的。之所以會有如此「不公平」的情形產生，那是因為每一個孩子的需要，根本就是完全不相同。

一般來說，年紀愈大的孩子，父母對他們的期望也愈高，要求也愈嚴格，例如您絕對不會想要如同抱著六個月大的小妹妹一般，整天將四歲半的寶寶抱在懷裡；兩歲大的孩子吃飯時不小心打翻了湯碗，和七歲的哥哥吃飯時不小心碰灑了牛奶，所受到來自於父母的責備也必然是不同的；父母可能三令五申，明確規定五歲的寶寶不許在大人講電話時出聲打擾，但是卻毫不在意地任由一歲的小妹妹在大人講電話時拉扯電話線，亂按電話鈕，還不時搶過電話對著話筒胡說一頓……。

相對的，父母們給予年紀較大孩子的權利和自我的空間也較

爲寬廣，例如兩歲的弟弟晚上八點一定要睡覺，但是五歲的姊姊卻可以再和爸爸多玩一個小時，等到九點鐘再睡覺。有些父母會在物質的分配上以年齡來作考量，例如老大的房間大，老么的房間小；哥哥可以吃兩塊月餅，弟弟只能吃一塊；姊姊可以買新衣服，小兩歲的妹妹則必須穿姊姊的舊衣服……等，都是一些對於父母而言理所當然的小事，但是對於「吃了眼前虧」的孩子來說，這卻是「天大不公平」的重大事件。

身爲家長的您該如何才能做到面面俱到、公正無私、不偏不倚，讓每一個孩子們都能口服心服呢？

很簡單，您要做的是站穩立場，爲孩子們解釋「眞正的公平可並不是表面上的同等待遇或一視同仁」，您可以對兩歲的弟弟解釋：「等到你像姊姊一樣五歲的時候，你『同樣』可以在九點鐘再睡覺，但是別忘了，到時候你也要像姊姊一樣幫忙做家事喔！」

此外，如果您也和許許多多的父母一般「難免要偏心」，那麼《教子有方》建議您努力將「個人的偏好」隱藏在內心深處不要顯露出來，爲了每一個孩子（包括您的最愛）的好處，您的這份私心還是應該儘量減少曝光的機會，以免整個家庭生活的幸福與和諧，也早早的隨之「見光死」啊！

我們會在下個月（詳見第八個月「手足情深——三之三」）爲您探討一些對付手足紛爭，實際又好用的方法，幫助家長們懂得如何做到因人、因時、因地，而以不同的「招數」，來扮演孩子們之間「和平使者」的重要角色。

 ## 好玩的水

四歲半的寶寶對於這個美妙世界上的每一個細節、每一個成

分都會感到極大的興趣，家長們可以利用寶寶這份天然的好奇心，來學學「水」的各種奇妙特性。

準備三個塑膠飯碗，一碗置冰塊，一碗置溫水，一碗置熱水（小心不可太燙導致燙傷），讓寶寶用他的小手，依序伸進三個碗中，試試看不同水溫的感覺。

您可以在燒開水時，讓寶寶從安全的距離外，看看水在沸騰時，是如何起泡化成蒸汽消失在空氣中，同樣的，您也可以讓寶寶幫忙您在製冰盒中注入果汁，放入冰箱的冷凍庫中，試試看，寶寶是否猜得出果汁會變成好吃的小冰塊？如果您不介意的話，您也可以讓寶寶用小手抓著果汁冰塊，邊吃邊體會一下冰塊握在手中的感覺。

利用一個星期天的上午，有空也有興致的時候，帶著寶寶一同來製作「人造雨」吧！

找兩個一模一樣扁平寬大的容器（如鋁箔派盤、西式湯盤或是塑膠飯盒），在其中之一裝入約二公分深的水，置入冷凍庫中製成冰，而在另外一個容器中則注入剛剛沸騰的開水（規定寶寶只准看不准摸，以免燙傷）。接下來，將盛有開水的容器平放在桌上，而將另一個盛有冰塊的容器懸空（約十至十五公分），倒扣在開水容器的正上方，讓寶寶睜大著雙眼仔細看清楚，當冉冉上升的水蒸汽遇到冰塊時，小水滴（也就是雨滴）即會形成，開始下雨啦！

等待公共汽車，或是乘坐電梯時，您可利用寶寶閒下來的大腦問問他：「寶寶，我們一起來想想看，水能做什麼用啊？」「口渴的時候可以喝」、「手髒的時候可以洗手」、「天熱的時候可以游泳」、「可以下麵條煮水餃」、「也可以澆花」、「可以泡茶」……等，只要您多和寶寶玩玩這個動動腦的遊戲，他必定能很快地學會水的許多一般用處，並且還能在您的指導之下，漸漸懂得一些較為「有學問」的用水方式（如蒸汽火車頭、水風

車等）。

趁寶寶洗澡的時候，告訴他水有浮力的道理。讓他在水中放入不同的物體，一隻吸管、一塊石頭、一根雞羽毛、新剪下來的指甲、一片樹葉等，看看有哪些是可以浮在水上，而又有哪些會立刻沉入水中？您也可以略施巧思，提增這個遊戲的趣味和緊張氣氛，在寶寶將物體放入水中之前，問寶寶：「猜猜看，這顆乒乓球會不會浮起來啊？」「答對了，乒乓球可以浮在水上！」「那麼這顆棒球會不會浮呢？」「答錯了，棒球很重，沉到水底啦！」久而久之，不滿五歲的寶寶即可被訓練成一名「猜猜此物是浮還是沉」的答題高手呢！

從許許多多玩水的親子遊戲中，家長們除了可以帶領寶寶認識水的許多特性，還可以藉著學習水，引發寶寶對自然界中各種其他物質的興趣，幫助寶寶做好一名「在乎環境」的「e世代地球好公民」。

與時間為伍

我們目前所生存於其中的社會，是極為注重時間的。在人類的歷史之中，再也找不出比我們更加強調「分秒必爭」、「一寸光陰一寸金」的年代，事實上，二十一世紀的人類已成為一個時時刻刻都在看手錶的種族，我們注重守時，主張規律的生活，更加強調如何善用時間、安排時間和主宰時間。

然而，我們的先人數千年以來所持的生活方式，卻都比我們要來得輕鬆自如、簡單並且沒有時間的壓力。想想看，在鬧鐘和手錶還沒有發明之前，掌管人類的「時框」（如日出日落、午前午後、三更半夜、一盞茶或三炷香等），是否都比目前數位手錶所劃分零點零一秒的「時框」要寬大許多、仁慈許多？

親愛的家長們，《教子有方》願意鄭重地為您指出一個您

也許並不知道的重要事實，那就是幼小兒童對於時間的感覺，其實是比較接近於「古時候」的時間節拍，而和現代社會這種「快動作」的步調之間，存在著巨大無比的差距。我們可以用「時間代溝」來形容這一層差別，這層代溝會造成親子之間許多不必要的誤解和摩擦，因此，本文將帶領讀者們跨越「時間代溝」，深入地剖析寶寶尚未成形的時間觀。

懵懵懂懂的時間概念

時間觀念的形成，過程十分緩慢，一個幼小的孩子通常需要花好幾年的時間，才能發展出對於時間的正確概念，這也就是為什麼，當寶寶仍然處於半知半解、懵懵懂懂的陶成階段時，他不成熟的時間觀念，會和父母們的時間觀念如此的不同。

舉個例子來說，兒童對於特定日期和時間的認知，通常要等到大約八歲的時候才會完全成熟。同樣的，四、五歲大的幼兒對於「時間和速度成反比」（速度愈快，所需時間愈短，反之亦然）的道理，也十分不容易了解。

換一個方面來看，幼兒對於速度和距離之間的正比關係（速度愈快，所移動的距離就愈遠），以及時間和距離之間的正比關係（所花的時間愈久，移動的距離也愈遠），會比較容易了解和接受。

而唯有當幼兒將速度與距離，和時間與距離之間的關係完全「占為己有」之後，時間和速度之間的反比關係，才會逐漸在孩子的心中生根萌芽。

顛三倒四

　　幼小的兒童，喜歡將事情的先後順序，依照他所聽到的次序，而非真正發生的次序來排列。正是因為這種顛三倒四的邏輯，您的寶寶經常會將自己陷於麻煩之中，一頭霧水的家長們，也很容易因此而冤枉孩子，認為他是在故意與人作對找麻煩。

　　譬如說，如果爸爸清楚地對寶寶說：「寶寶，你可以吃冰淇淋，但是要等到吃飽晚飯之後！」卻發現寶寶依照他所聽到的順序，將爸爸的意思解釋成「先吃冰淇淋，再吃晚飯」，而痛快地吃起冰淇淋來了。此時爸爸最直接的反應很可能就是：「明明已經說了先吃晚飯再吃冰淇淋，寶寶怎麼一點都不聽話，真是氣死人！」

　　也就是說，父母們必須懂得寶寶的收聽邏輯，是以聽到時的「先來後到」為大前題（爸爸的確是先說「冰淇淋」再提「吃晚飯」），並且會粗心大意地放過一些「小小的介系詞」（如上述「吃飽晚飯之後」），以避免引起一場爸爸發火、寶寶吃癟的親子衝突！

本末倒置

　　屬於學齡前兒童另外一項特別的「思想短路」，是他們常常會弄錯言語之中主動和被動的辭意。

　　例如當有人告訴寶寶：「小強被小美打了一巴掌」時，他會覺得既然小強的名字出現在前，那麼小強必然是始作俑者，所以一定是小強打了小美一巴掌。

　　這種情形通常要等到孩子客觀的能力（perspective-taking skills，詳見第二個月「四歲的感覺如何？」）逐漸成熟之後，才會隨之緩慢地有些改善。

細心調教

家長們可以從許多方面，來協助寶寶培養正確的時間觀念，以下是《教子有方》為您所整理出的一些建議：

• 為寶寶提供一個飲食起居、日常作息皆有定時的規律生活。

• 養成將一件事情為寶寶從頭到尾、按照順序，逐一講解清楚的習慣，例如：「明天早晨我們吃完早餐，等爸爸晨跑回來，一起去接外婆，然後我們搭火車去阿姨家！」

• 在一天結束的時候（如夜晚就寢熄燈之前），和寶寶一起討論有關當天所發生的事。然而，因為四歲半寶寶的本能是專注於「當下」和「現在」，家長們需要耐著性子，多多給予寶寶適當的提示，才能將白天所發生的事，在寶寶腦海中快速重播一次。

• 當家長們和寶寶說話，尤其是下達指令的時候，請三思而言，刻意將每一個環節，都按照先後順序排列整齊之後，再逐一說清楚，例如：「寶寶現在快點把晚飯吃完，然後你可以吃一些冰淇淋！」

• 如果您必須和寶寶約定一個清楚的時段，例如：「再等五分鐘，我們的蛋糕就烤好了！」或是「寶寶你現在可以在小公園裡玩十五分鐘！」那麼您不妨搭配一個傳統的圓形旋轉式的上發條計時器，讓寶寶可以「眼睜睜地看著」時間一點一點地「消逝」！

• 乘車出門的時候，不論是長程或短程的旅行，家長們都可以把握機會，為寶寶沿路數說高速公路交流道出口的名稱、火車公車的站名、路途的遠近，以及所需的時間。

• 學齡前的兒童尚未發展出藉著地圖組織知識的能力，雖然如此，根據兒童心理學家們的研究，我們知道幼小的兒童，早從

大約只有三歲的時候,即可看得懂簡單的地圖。因此,建議家長們能夠花一點點的時間,以寶寶所能看得懂的方式,將一天的活動(例如臥房、餐廳、大門外、小公園等),以及旅遊的行程(例如釣魚池、蘋果園和有小瀑布的野餐區)等畫在一張紙上,讓寶寶用他小小的手指頭,帶領著他的思緒,預先想像也好,重溫記憶也好,在腦海中暢遊美好的一天。

經由以上的各種親子互動,成長中的寶寶雖然仍然無法一蹴而成地擁有成人般的時間觀念,但是卻可在日積月累、心領神會的薰陶之下,即早打下正確及堅固的根基,為日後的發展,做好勝算在握的萬全準備。親愛的家長們,您可得全力以赴喔!

提醒您 *！*

❖ 千萬別和寶寶「一般見識」地計較他的「語不驚人死不休」。

❖ 別忘了要多帶寶寶進行閱讀暖身操。

❖ 與其生氣修理寶寶的「顛三倒四」,不如花些功夫填補寶寶與您之間的「時間代溝」。

迴　響

親愛的《教子有方》：

　　我是一個單親媽媽，在許多無助的時候，總是《教子有方》即時地為我提供了無比的信心和支持。

　　因為訂閱了《教子有方》，我每一個月都能更加進步，也更加地了解我的孩子。

　　實在是不知該如何來表達我對《教子有方》的喜愛，盼望您們能繼續出版這份獨一無二的優秀刊物。

笛金莉

美國柯羅拉多州

第八個月

鑿開才華的泉源

　　天分，是一個人不費吹灰之力即擁有，來自於生命本身的禮物。每一個人所擁有的天分都不一樣，這份天分，會使人在某一項領域上具有超越常人的能力，如一粒珍貴的種子一般，經過適當的澆灌和培養之後，將會成長壯大，纍纍地結出碩大無比的奇葩美果，造就出源源不絕的豐盛才華。

　　在《教子有方》系列叢書之中，我們一貫的立場是以「標準值寶寶」（也就是「平均值寶寶」，詳見《0歲寶寶成長心事》一書，第六個月「誰是標準寶寶」一文）為出發點，為家長們客觀地剖析，孩子在每一個不同階段的成長模式和發展進度。因此，家長們可以藉著閱讀《教子有方》，而懂得如何正確地期待寶寶的成長，並且事半功倍，適時且合宜地助寶寶一臂之力。

　　除此之外，《教子有方》也周密地在每一個恰當的時機提醒家長們，留意寶寶可能遭遇到的各種困難和阻礙，而在問題剛剛發生尚不嚴重的時候，及早把握復健、矯正和治療的良機，成功地幫助孩子跨越障礙，在成長的旅程中繼續疾駛前行。

　　另外一個《教子有方》十分重視的主題，就是強調每一個孩子獨有的特性，尊重每一個生命的走向及成長方式，這其中即包括了發掘每一個孩子特有的天分，因材施教地小心培育，使這些天分都能伸展到各種可能的極限，造就一份飛揚滿溢的才華。

　　身為家長，望子成龍、望女成鳳的您，如何知道自己的孩子有些什麼天賦的禮物，又有些什麼值得栽培的天分呢？您又該如何才能不負孩子的天資，帶領他成功地打造自我的才華呢？我們將藉著本文，將家長們所應具備各種「發掘天分礦源」的工具，做一個全方位的整理，幫助您逐一添置，也幫助您成功地切割出一塊稀世的獨家美玉。

天賦禮物人人不同

親愛的家長，如果有人告訴您，寶寶很有天分，此時您心中所想的會是哪一種天分呢？您希望自己的孩子擁有天生一目十行、過目不忘的記憶力？如電腦般的演算能力？又或者您所期望的是寶寶在音樂、美術、表演方面的天分？

一般來說，大部分的人心中先入為主對於天分的觀念，不外乎以上所列的少數幾項，然而大自然所賦予人類各式各樣不同的天分禮物，其實是多得數不清也說不完。

舉例來說，有些孩子對於別人心中的想法特別的敏感，有些孩子可以倒背如流地讀書、有些會下棋、有些會園藝、有些會捉小昆蟲……等，每一項過人的能力，都透露著天分禮物的訊息。

因此，家長們在「偵察」寶寶的時候，請別忘了要放棄一切的「成見」，完全不可預設任何的期望，如此，您才能夠真真正正地打開心房，捕捉到來自於孩子天分的各種蛛絲馬跡。

有得必有失

就一般的情形而言，一個孩子可能在某些方面擁有傲人的天分，但是卻在其他的方面，表現得普普通通，甚至於遠遠地落在眾人之後。

日本有一位智能殘障的畫家，在日常生活中，他無法用語言與人溝通，但是卻能藉著筆觸優美、意境深遠的畫作，向整個世界表達他內心的情感。這位畫家小的時候，十分幸運地遇到一位富於愛心且具有智慧的老師，在努力尋找和這個孩子溝通的管道時，成功地發掘出他天賦繪畫的禮物，經過了長期的鼓勵及培育，而造就出舉國知名的大畫家。

沒錯，世界上的確有些得天獨厚的幸運兒，他們整體說來智商比人高、天分比人多、反應比人快，給人的感覺是多才多藝，

樣樣比人強，在人群之中，這一批生命的寵兒最容易被人認出，也最容易被冠以「天才型人物」的稱呼。然而，即使是這一類天才型的人物，他們也不可能是十全十美，樣樣都是零缺點。

因為這些「天才」的存在，使得許多天分不太多，甚至於只有少數一、兩項的孩子們，他們在一般人所注意到的層面表現得普普通通，平平凡凡，父母師長們容易忽略他們的潛能，也經常因此而埋沒了可貴的天分。

因此，親愛的家長們，您目前正面臨的一項「事關緊要」的挑戰，就是要「眼明心快」地，將埋藏在寶寶生命深處的寶貝天分，完整地發掘出來，並且給予這份禮物一切繼續發展及膨脹的機會。

創意人人皆有

所謂的創意（creativity），其實就是一個生命利用天賦的獨特本領，來展露自我的一種表達方式。

正是因為創意是一種純然的自我表達，因此照理說，世界上每一個人應該都擁有著源源不絕的創造力。然而，有許多人終其一生也無法掌握自我表達的要領，他們或許不善言詞、文筆不佳、五音不全，長久被禁錮不得其門而出的心靈，也必然經歷過深深的痛楚和無法自我滿足的失落。

為了避免孩子日後踏入這個心靈的象牙塔，家長們應該努力帶領寶寶尋找自我的天分，藉以突破重圍，盡情盡性以千變萬化的各種方式，來伸展自我和表達自我。

要知道，每一個生命都是獨一無二的，您的寶寶懷中揣著天分的種子來到這個世界，因為這些舉世無雙的特質，世上將再也無另一人可與之相提並論。寶寶所經驗的生活、所產生的感受和所接觸到的人物，共同交織成他獨特的自我。

一旦有了適當的「管道」，再加上父母親從旁的鼓勵，成長

中的生命可以很快學會以他自己與眾不同的方式，來展現他與眾
不同的生命。

天分不是才華

舉個簡單的例子來說明，一顆蘋果樹的種子最終的目的和最
大的成就，就是長成一棵大大的蘋果樹，開出許多的蘋果花，並
且生出很多既大又甜的蘋果！然而，一顆蘋果種子不論付出多少
的血汗和努力，它是永遠都無法長成一顆橘子樹的啊！

此外，一顆種子並不一定會成功地變成大樹。種子必須先落
在肥沃的土地中萌芽生根，配合著果農的澆水施肥、除蟲拔草以
及大自然光線、水分、空氣等的各項因素，才能逐漸從樹苗長成
小樹、大樹和會開花結果的蘋果樹。

寶寶的天分就像是種子一般，需要後天辛勤的培育（也就是
家長們的引導、鼓勵和支持）和自我的努力，才能逐漸透露「存
活」的「生機」。比方說，您可能已經注意很久了，四歲半的寶
寶只要一聽到音樂聲（也許是收音機，也許是電視機，也許是鄰
家大姊姊唱歌的聲音），就會立即自動開始隨著樂聲自哼自唱。
然而，除非您「刻意」地為寶寶安排各種必要的音樂訓練，否則
寶寶很可能不但表現不出任何音樂上的才華，甚至終此一生都只
能停留在隨著樂聲哼哼唱唱的地步。

親愛的家長們，現在您知道您的角色有多麼的重要了嗎？

萬丈高樓平地起

每一個孩子都要先從他的「天分種子」上，先發展出嫻熟的
「基本功」，然後才能修練出「神乎其技」的創意。

想想看，如果沒有經過大量剪裁、縫邊、釘釦子、上拉鍊的
基本訓練，一位服裝設計師又如何能構思創作出令人驚艷的名牌
服飾呢？親愛的家長，您是否也心有同感？我們必須先熟悉基本

的技能，然後才能在一次又一次的反覆操作中，演變出令人耳目一新的創作。

　　一般人總是錯誤地以為，創作力與基本功是兩碼子互不相關的事，彷彿一切的創作都是「轟地一聲」，無中生有地突然在某人腦海中形成的。如此的想法，導致某些家長們刻意地不鼓勵孩子在深具天分的「基本功」上下功夫，害怕如此一來，會以人為的教導阻礙孩子「渾然天成的靈感與創意」（spontaneous creativeness）。

　　其實，放眼各行各業大師級具有創意的人物，無不都是從基層做起，經過多年腳踏實地的磨練，方能闖出一片耀眼炫目的局面。如中了特獎一般因幸運地「福至心靈，突生一計」而一炮而紅，從此平步青雲、步步高升的情形，幾乎是完全不存在的。

　　別忘了，萬丈高樓平地起，寶寶的天分也必須靠著一磚一瓦、一階一梯地搭建，才能創造出日後鋒芒四射的耀眼成就。

熟能生巧

　　從一份寶貴的天分，到才華怒放之間，唯一的捷徑就是練習、練習再練習！古人所說「玉不琢不成器」，即清楚地點出了勤勉為成功的不二法門。

　　親愛的家長們，請您仔細地想一想，任何一件事，不論是天下大事還是芝麻綠豆般的小事，對於芸芸眾生中大部分的人來說，是否都是「聽過一遍就忘了，看過一遍記得了，等到親身經歷、親自做一次之後，就一下子明白透徹了」？

　　這層道理說來容易做來難，如要付諸實行，則更加需要決心和毅力。有多少次您曾經提醒寶寶，喝湯的時候，要小心不可滴在衣服上，但是寶寶仍然會不小心或是忘了您的提醒，而將湯潑灑得滿身都是呢？您最後是不是會忍耐不住，為了避免幫寶寶換衣服的麻煩，而乾脆在每次寶寶喝湯的時候，都親自餵寶寶呢？

　　對於父母們而言，在許多的情形下，寶寶不動手反而是一種比較省時也省事的好辦法。然而這麼一來，孩子所需的練習機會，就會一次一次地被剝奪了。

　　敬請親愛的家長們多多的自我提醒，寶寶所正在學習的每一項新的技能，在他尚未完全學好、學會之前，必定會錯誤百出，做得既慢又糟糕，您還需要花很多的時間來收拾殘局。但是，如果寶寶沒有充分的練習，那麼他就永遠沒有學會的一天。

　　當一個孩子努力不怕事、不畏失敗又繼續嘗試的時候，他需要的是來自於父母的諒解、鼓勵、支持、信任和耐心，更重要的是，寶寶需要有再試一次的機會。建議家長們，要努力克制想要動手幫助寶寶的衝動，「狠下心來」，動口為寶寶加油打氣，但是袖手旁觀地看著寶寶愈挫愈猛，一次比一次更進步地，達到熟能生巧、爐火純青的地步。

當曙光乍現時

　　每一個孩子或早或晚，都會隱藏不住地讓他的天分流露出來。當寶寶經常不由自主地對同一件事情發生興趣，專注凝神地觀察個老半天，甚至於還忍不住要動手試試看的時候，家長們就應該提高警覺啦！仔細留心寶寶在這一件事上的行為模式，因為，您可能已經找到寶寶的天賦禮物喔！

　　想想看，您的寶寶會不會特別喜歡模仿電視節目中各種人物的舉止動作？又或許他會在您每一次整理花圃時，都不發一語地靜靜在旁專心觀看？不論寶寶目前所展現的興趣為何，家長們可以參考以下所列的各項建議，鼓勵寶寶繼續朝著他的興趣，努力不懈地學習和發展：

　　• 直截了當、不迴避地為寶寶指出他的興趣，例如：「乖寶寶，你是不是很喜歡看媽媽縫衣服和補襪子？」

　　• 大方地給予寶寶參與的機會，例如：「來，這件寶寶的襯

衫掉了一顆釦子，寶寶想不想試試看自己縫釦子啊？」

• 給予寶寶正確的教導和指示，但是不要施加任何的壓力：「寶寶你看，先把釦子擺好，媽媽先縫一針，從下往上穿過釦洞，你試試看，別緊張，媽媽扶住你的手，瞧，再把針從釦洞中拉回來！」

• 對於寶寶的努力，請報以大量的肯定、鼓勵和耐心：「不錯，釦子已經縫上了，再多添加幾針，寶寶還可以縫得更整齊漂亮，要不要試試啊！」

• 引導寶寶從他自己的角度來評估自我的表現：「寶寶你自己看看這顆釦子，你覺得縫得好不好啊？你喜不喜歡縫釦子啊？」不論寶寶的回答是喜歡還是不喜歡，家長們都應抱著尊重和開放的心態，誠心地完全接受。

• 為寶寶準備足夠的空間、時間和材料，讓他能有自由自在獨自「鑽研」的機會。「寶寶，你可以坐在這張小桌子上，再縫幾顆釦子在這一塊手帕上，媽媽看一會兒報紙，你隨時需要媽媽幫忙打結或剪線，我立刻就會幫你弄好。」

當然囉，以上所列出的這一切，家長們都必須要付出極多的時間與極大的耐心，才能完全做到。如果媽媽當時只是一心想著要快點縫好寶寶的釦子，為他穿好衣服，才可以出門赴約不遲到，那麼這一切都不可能會發生了。

扔掉「掃興掃帚」

最後一項，也是最重要、最有效的一項，就是小心不要以任何的方式，挫傷了孩子初試啼聲的意念。有太多太多的時候，因為父母們無心的批評，不經大腦脫口而出的斷語，會立即熄滅孩子心中所燃起興奮憧憬與躍躍欲試的念頭。這種念頭一旦被熄滅，要再度升起就不是一件容易的事了，甚至於在未來一生的歲月中，當時那股深刻的挫折與羞辱，還會一再浮現腦海中，一次

又一次地繼續撲滅繼而湧上心頭的「那一股勁兒」。

　　以下是一些常見的「掃興掃帚」，盼望讀者們能逐一仔細深思反省，在往後的日子中，小心不要再度「沒有那個惡意」地「掃」壞了孩子的天分：

- 「寶寶現在不要來吵我，媽媽忙得不得了，沒有時間看你的圖畫！」
- 「這裡怎麼會弄得全是水？寶寶，媽媽不是說過很多次，不可以玩水嗎？不聽話！」
- 「天啊！跳芭蕾舞是女生的事，我不想再看見你學女生跳舞的樣子！」
- 「別作夢了，這怎麼有可能呢？」
- 「再說一次，這是什麼？」「天哪！這實在是有夠奇怪（醜、無聊）的一件東西！」
- 「寶寶你做這件事，別人看到了會怎麼想呀？」
- 「就是這樣啊？」「弄了半天原來只弄出了這麼一件東西嗎？」「還有沒有更好一點的？」
- 正眼也不瞧一眼，有口無心地敷衍寶寶：「不錯！」「滿好的！」
- 「不對，不對，不是這樣的，寶寶你看，怪裡怪氣的，錯了吧！」
- 「為什麼你不能學學大哥哥（表姊或是隔壁的丫丫）？」
……。

　　親愛的家長們，以上我們所列出的，只是許許多多「掃興掃帚」的一個極小的縮影。沒錯，父母也是人，我們都有缺少耐心和嫌孩子們煩的時刻，不論我們是多麼的疼愛自己的孩子，我們絕對做不到二十四小時隨時在寶寶身旁，留心傾聽並觀察孩子的一言一行，嚴謹地要求自己的反應（或是沒反應），不可發出任何負面的訊息。

然而，《教子有方》仍要強力地鼓勵您努力朝著這個方向去做，不爲什麼，只是因爲您的看法和評論對於寶寶而言，實在是太重要了！

有了您得體得法的鼓勵與帶領，寶寶可以將他生命中所珍藏的天賦禮物逐一發掘出來，勇敢積極地繼續發展，將他的潛能淋漓盡致地發揮到最高點。想想看，這一份了不起的成果是否值得您目前所有的付出？

答題的藝術

爲人父母的一大喜悦，就是能夠將自己畢生的經驗和知識，藉著回答孩子所提出的各種問題，隨心所欲地傾注在求知若渴的小小新生命之中。

當一個孩子眨著一雙童稚無邪的眼睛，指著天上的星星問您：「爲什麼天上的星星會一閃一閃，亮晶晶的好漂亮呢？」幸福的感覺是否已經油然升起？而在寶寶以帶著崇拜和敬慕的眼神凝視著您等待答案的同時，您是否已經感動得幾乎想要親手爲寶寶摘下天上的星星，來供他仔細研究玩賞呢？

的確，回答孩子所提出各式各樣包羅萬象的問題，是一件有趣且十分令人滿足的工作，但是不可否認的，有很多的時候，幼兒的問題也會是很惱人，很令人傷腦筋的。譬如說，寶寶也許會哪壺不開提哪壺地問您：「爲什麼大伯剛剛在拍桌子，還大聲地罵人？」或是不識相地在您正和重要客戶以電話交談時，扯著您

的衣袖：「爸爸，爸爸，為什麼我的彩色筆畫不出顏色了呢？」

　　親愛的家長們，請您務必要從現在就開始做好心理準備，隨著寶寶愈來愈懂事，他所提出的問題也會愈來愈多，愈來愈不容易回答。沒錯，寶寶有的時候也許只是為了引起您的注意而發問，但是愈來愈多的時候，寶寶所提出的每一個問題，都是代表著他在腦海中所進行的思考已經「碰壁」或是「轉進了死胡同」，他是真真正正需要一些來自於「高人」的指點。

　　不論寶寶發問的動機為何，不論您當時的心情和處境為何，您對於寶寶的問題所做的回答，都將深遠地左右寶寶當時和往後的思考方向，也就是說，您的答案正主導著寶寶的學習。

　　為了幫助《教子有方》的讀者們更加成功地掌握為寶寶回答問題的藝術，做到答得正確、答得貼切和答得漂亮，我們願意帶領家長們先共同來探討兩種最容易也最常見，但是並不是最有效的回答方式。

「媽媽不知道」

　　您是否也曾經以：「我不知道！」來回答寶寶的問題，也許您是因為太忙、太煩不想回答，也許是真正的不知道，這種回答的方式雖然能夠很快地為您「解套」，但是卻不能給予寶寶任何有用的幫助。

傾囊相授

　　另外一種常見的答題方式，是父母會將滿腹學問傾囊相授，熱情賣力、口沫橫飛地說了大半天，結果是弄得寶寶一頭霧水，愈聽愈不懂，甚至愈聽愈「害怕」，決定下一次還是別問好了。

　　沒錯，有許多時候，四歲半的寶寶已經可以問出相當有深度和「氣質」的問題，而這些問題您也必須要「絞一絞腦汁」才能回答得出來。除非您的專業是電機電子，否則當寶寶提出：「這

些人是怎樣鑽進電視機裡面去的呢？」時，您的回答想必是最簡單的「媽媽不知道」。反之，如果您眞的懂得電視機的原理，那麼您很可能會先從無線電波的原理開始說起，將陰極電子如何在電視機眞空管中投射並製造影像的「大道理」，從頭到尾解釋個一淸二楚。

對於許多人來說，要能夠三言二語就說淸楚一些原本十分複雜的道理，是一件非常困難的事，因此，當家長們「長篇大論」「搏命」爲寶寶解說時，滿心好奇、努力求知的寶寶，反而會被淹沒在一大堆他從來都沒有聽過的名詞，和短期之內絕對不可能弄明白的知識之中，不但沒有尋得解答，反而弄得更加的困惑，更加的不知所措。

中庸之道

在「媽媽不知道」和「傾囊相授」的兩種極端之間，家長們如果願意稍微花一些巧思，必能琢磨出一條效果甚佳的中庸之道，來回答孩子的各種問題。

簡短直接

首先，家長們必須學會以最簡單、最乾脆的方式，將正確的答案交代得一淸二楚。以上述電視機的問題爲例，一個比較中庸的回答應該是：「電視公司將這些人的影像，在空氣中以我們看不見的方式，送到電視機裡面去了！」

一針見血

除了應具備直截了當、簡單明瞭的基本特點之外，一個高明的回答，必須以寶寶能馬上了解並且立刻記住的事實爲核心，一方面解答了寶寶眼前的疑惑，另一方面也爲未來更深入的求知過程埋下伏筆。

試試看，對於「汽車爲什麼會走？」這個問題，您該如何作答？您可以選擇以「我不知道」來結束這個話題，也可仔細地

對寶寶解釋：「汽車的引擎在燃燒汽油時
會產生動力，推進轉動四個輪子。當爸爸
的腳用力踩油門的時候，汽油會流入引擎
中，引擎會開始轉動加速，牽動輪子，汽
車就會移動啦！」

　　在如此詳盡的答案之中，汽油、引
擎、加速和輪子轉動這些名詞，對於寶寶
來說都是如「天書般」難以消化的新名
詞，四歲半的寶寶不可能完全都聽得懂。

　　因此，比較有效的說明應該是：「每一輛汽車都有一個引
擎，這個引擎能夠轉動輪子使車子移動。」這麼一來，四歲半的
寶寶可以慢慢地「咀嚼」與「吸收」引擎這個新的名詞。如果可
能的話，您還可以掀開車蓋，讓寶寶看一看引擎的長相，不必多
加解釋，如此的回答對於寶寶來說，已經是十分的豐富了。

追加解說

　　給寶寶一點時間，讓他在心中仔細地消化這份新知，也許是
幾分鐘，也許過幾天之後，寶寶會再度挑起這個話題，主動地追
問：「為什麼引擎可以使輪子轉動呢？」或是「引擎是怎麼推輪
子的呢？」這就表示寶寶已經準備好再接受更多更新的知識。等
到了那個時候，家長們即可放下手邊的工作，根據本文所建議的
原則，認真地再為寶寶挑選一個最好的答案。

　　親愛的家長們，現在您懂得了回答寶寶問題的藝術了嗎？花
一點點的時間，動一動頭腦，以簡短直接的答案，引導寶寶的思
想朝著更寬廣、更深刻的空間去發展，您不但可以少費許多口
舌，來解釋那些寶寶本就不可能聽得懂的道理，還可以一步一步
慢慢帶領孩子提出更多、更好的問題，以更加有效的方式來強固
他的學習，這麼一舉兩得的好辦法，請您別忘了要多多的利用
喔！

神話故事

　　您讀過神話故事嗎？白雪公主和七個小矮人、拇指仙童、阿拉丁神燈、嫦娥奔月、后羿射日、牛郎與織女、梁山伯與祝英台、白蛇和許仙的故事，您還有印象嗎？是否也曾為寶寶說過這些故事？這些大家耳熟能詳，包羅古今中外，或許淒美、或許浪漫、或許感人肺腑、動人心弦的神話故事，在您的生命中所占據的分量有多少？在您的生活中如果少了這些故事和其中的人物，又會是一番什麼樣的景象呢？

　　根據一份美國英文教師委員會（National Council of Teachers of English）所出版的研究報告所建議，父母和老師們應當在兒童的生活中，尤其是在為孩子閱讀或說故事的時候，大量地採用各式各樣的神話故事。

　　親愛的家長們，您是否會覺得相當的不可思議？e時代的新新人類，日後既然將居住於我們目前無法想像的明白之屋，那麼這些「老掉牙」的神話故事，為成長中的幼兒們又提供了什麼樣的好處呢？難道寶寶所擁有的各種高科技產品，仍不足以為寶寶提供一個完整的成長過程？

　　沒錯，上述的這份報告以獨到的見解，為兒童教育工作者及父母們點明了神話故事對於一個成長中的生命的重要性。以下就是我們從這份報告中所摘錄整理出來的要點，供讀者們參考省思。

瞧瞧生命中黑暗的角落

　　親愛的家長們，我們相信您就像是每一位愛子心切的父母一般，願意付出所有，不惜任何代價，為寶寶提供最好的一切，讓他能夠總是行走在光明快樂的坦途上，永遠不會經過黑暗凶惡的

險路。然而，人生的真實面，本就包括了各種醜陋不堪入目和無
比黑暗的角落，寶寶或早或晚都必須學會如何與黑暗交手，如何
全身而退，成功地回到光明之中。

您是否曾經想過該如何帶領孩子認識人生的黑暗面？讓他赤
身裸體露宿街頭嗎？或是假裝成歹徒綁架寶寶，給他一些苦頭
吃？還是故意給寶寶一顆摻了瀉藥的糖果，讓他吃了之後拉得死
去活來？請問您，有必要帶著寶寶親身經驗到人生每一種不同的
黑暗滋味嗎？當然不必！

成長中的兒童可以藉著神話故事（例如仙履奇緣故事中苦命
的女主角，小紅帽在野外所遇上的大野狼，和白雪公主故事中老
巫婆給她吃的毒蘋果……等），從「比較不可怕」的立場，來想
像這些「原本十分猙獰」的「壞人」和「壞事」。

此外，寶寶可以學習神話故事人物中化解困難、突破逆境的
勇氣，並且懂得一切的困厄都不是完全的絕望，不論如何，在某
種情況之下，事情必會有轉機，順逆也必會來臨。日後當寶寶有
一天真正碰上難關的時候，他會效法神話故事中的人物，保持冷
靜，樂觀且積極地努力尋求破解之道。

暫時歇歇腿兒，喘口氣！

神話故事之於兒童，就像是武俠小說、科幻電影之於成人一
般，可以令人在心神融入故事之中的時候，暫且忘卻現實生活中
的種種辛勞，提供一個心靈得以休息的好機會。

根據兒童心理學家們的研究所指出，擁有閱讀神話故事經驗
的兒童，在處理生命中負面的經驗時，比較能夠保持頭腦的清醒
與冷靜，也比較能勇於迎接一切的挑戰。您一定從來未曾想到過
吧！只要輕輕鬆鬆地讓寶寶多聽也多讀一些神話故事，他即能擁
有如此寶貴的特質呢！

理想國

雖然說神話故事反應了真實人生中的「黑道」與「白道」，但是大部分神話故事的結局都是美好、理想、十全十美和大快人心的，於是在童話故事中，一個孩子對於生命的期許及信任，得以完整地實現。

• 故事的主角（寶寶多半會覺得那就是他自己），永遠都是宇宙的中心，是最重要的一號人物。

• 在這個世界中存在許多神奇的「機關」，只要能找到這個「機關」，那麼事情必能化險為夷、否極泰來（例如睡美人被王子一吻喚醒）！

• 災難和不幸無法避免（如唐三藏西遊取經沿途重重之險阻），但是邪必不勝正，光明必定戰勝黑暗，真理必定成功。同時，「壞人」絕對沒有任何的藉口，也沒有任何的機會能夠逃脫「好人」的制裁。

當然囉，神話故事還可以大量地增加寶寶的字彙（尤其是形容詞），以豐富活潑的遣詞用字提升寶寶的語言能力。

親愛的家長們，請您在讀完本文之後，找個機會整理一下您為寶寶所準備的讀物，看看其中是否包含了各式各樣的神話故事，如果沒有的話，請您即刻快馬加鞭地，想辦法提升寶寶的「神話氣質」喔！

手足情深——三之三

延續上個月我們所討論導致手足不睦的原因，本文將為家長們繼續探討各種化解手足紛爭的好辦法，幫助您應付這件每個家庭都難免會發生、純屬「正常」的麻煩事。

《教子有方》所整理出的建議，主要是針對於哥哥、姊姊和

幼小的弟妹們之間所發生的各種問題所設計的。這些一般性的建議，如能配合對於每一個孩子不同特性的考量，也可用來解決「大孩子們」彼此之間的爭吵。

同心協力迎接新生命！

還記得嗎？我們曾經在上個月提到過，兄弟姊妹之間可能早從母親懷孕的第一天起，就已經結下了樑子。因此，以預防勝於治療的原則來著眼這個問題，我們建議家長們，要從小弟弟或小妹妹出生的第一天起，就將大哥哥和大姊姊納入照顧新生小嬰兒的團隊之中。

別小看了只比小嬰兒沒大幾歲的哥哥、姊姊，在家長們刻意的安排之下，他們可都是能幹的小幫手喔！

比方說，幼小的兒童可以幫忙為小嬰兒挑選床單被褥，也可以從他的收藏之中，找出他願意「薪傳」給「我的」弟弟或「我的」妹妹的玩具。總而言之，家長們請別忘記了「使用」和訓練寶寶，成為您在照顧新生嬰兒時的「打雜高手」。因為這麼一來，寶寶除了可以實際為您分擔工作，還可以和弟弟、妹妹之間，及早培養出一分親密的感情，如此一舉兩得的事，您可要多多善用啊！

揭露新生兒的真面目

有許多幼小的兒童會誤以為，一個小弟弟或小妹妹一旦誕生到人間，就可以立刻成為他的玩伴，和他一起生活作息。所以他們也會在小嬰兒出生了一段時日之後，因為發現小嬰兒的表現完全不是那麼一回事，而大失所望地澈底放棄這個小弟弟（或妹妹）。

也有一些小哥哥（或小姊姊）們會以對待小動物、玩具狗熊和洋娃娃的「手腕」，來迎接新生的弟弟、妹妹。他們會粗魯地

扭動嬰兒的雙腿，也可能會熱情地緊緊抱住小嬰兒死命地親吻，更可能會突然之間把嬰兒推到一旁，不論嬰兒哭得多大聲，都完全不理會。

因此，身為家長的您務必要努力為寶寶解釋，人類的嬰兒在剛來到世間時，是多麼的脆弱與容易受到傷害，每一個成長中的生命，包括了寶寶在內，都會隨著時間而逐漸進步。請寶寶先別心急，溫柔耐心地等待小嬰兒，用不了太久的時間，弟弟（或妹妹）即可真正地成為他的「小」玩伴。

請不要犧牲寶寶

人都有濟弱扶貧、照顧弱小的傾向，父母們也不例外。根據學術研究所指出，不論孩子長得多大了，父母們依然會不由自主地維護較為年輕的孩子，同時也會與年紀幼小的孩子較為親暱。

親愛的家長們，不論您是有心還是無意，這種外表看來「偏心」的舉動，最好不要經常出現在您的生活之中。要知道，在您為了老么的好處而犧牲了老大的權益時，所衍生出的嫉妒與不平，不僅是手足之情的頭號冷血殺手，如果您不能及時「改邪歸正」，總有一天會連帶地摧毀你們原本享有的家庭幸福。

奉勸您，此事不可不謹慎行之！

新生寶寶不是天王

沒錯，每一位父母都會滿懷喜悅，全心全意地迎接新生的小嬰兒，並且會全力以赴努力善盡父母的職責。然而，這並不表示躺在搖籃中的小傢伙從此就控制了您全家人（尤其是寶寶）的全部生活。

家長們可能會「本能地」規定，當小嬰兒睡覺的時候，寶寶不可以發出任何的聲音，因此，寶寶不能洗手、不能說話、不能拿杯子倒水喝、不能在地上玩火車、不能自說自話，連走路也不

可以，試想，如果您是寶寶，心中會對於小嬰兒產生多大的反感？

　　《教子有方》的建議是，與其為了小嬰兒，而將寶寶置於一種「綁手綁腳」完全不合常態的處境之中，不如試著讓小嬰兒學會並適應在日常生活正常的分貝之中作息生長。當然，我們並不是鼓勵您放縱寶寶目中無人地，在小嬰兒睡著時仍然大聲喧嚷，但是我們認為您也不必過分要求寶寶，非要達到安靜無聲的標準不可。

為寶寶保守一分正常的生活

　　家庭之中增添一位新的成員，對於每一位家人來說，都是一個不小的改變。請您不妨站在寶寶的立場來感受一下這些改變，一個整天包著尿片的嬰兒、睡眠不足呵欠連天的父親、從早到晚忙得團團轉的母親、凌亂的屋子、垃圾筒中滿溢的尿片……等，早已令寶寶覺得暈頭轉向，不知何去何從了。

　　在這個節骨眼上，一份按照原有規律吃喝作息的生活起居，可以支撐寶寶平穩地適應因為小嬰兒的加入而產生的新生活。

空間歸屬

　　在年長的孩子大約三到五歲之間的時候，不妨花些心思開闢一個只屬於他的「私密空間」，一間臥室、一張小書桌、一個玩具櫃，或是在起居間以家具隔出一小塊屬於寶寶的「特區」，讓他可以安置一些「完全屬於他」的「財產」（玩具、手錶、橡皮、阿姨送的彩色筆、心愛的背包、過年時收到的「紅包錢」……等），也容許他不受干擾地在這個空間中「東摸摸、西摸摸」，完全自由地做一些他想做的事。

　　這麼一來，幼小的弟妹們即可在「有需要的時候」，被寶寶成功地擋駕在外，一些寶寶不願與人分享的物品，也可以安全地

避免被弟妹們「洗劫」的命運。許多兄弟姊妹們劍拔弩張的爭吵和打鬥，都可以因為這項聰慧貼心的巧妙安排，而解除危機，甚至不再發生。親愛的家長們，在你們家庭生活可能的程度和範圍之中，何不試試此項建議？

民主家政

給予每一個孩子參與「家政」的機會和權利，讓每一個孩子都可自由發表意見，以公平競爭的方式達到他的目的。這是一個很好的訓練和成長的經驗，能夠營造一份和諧禮貌的家庭氣氛，即使父母子女、兄弟姊妹之間發生了真正的「衝突」，也能和平理性地化解。除此之外，手足之間的競爭也較能以「君子之爭」的方式來進行，不會演變成「打得頭破血流」的「恐怖事件」。

敬請父母置身戰火之外

孩子們之間的糾紛，最好是讓他們以「孩子的方式」自行解決（不論孩子們的解決方式是否正確，是否公正，是否面面俱到），請家長們別忘了，這一切都是重要的學習經驗。寶寶也許這一次糊里糊塗地吃了虧，不要緊張，下次他必然會變得精明一些。

不可避免的，只要家長們一旦介入糾紛之中，孩子們即會察言觀色，「狗仗人勢，狐假虎威」，使一些事件變得更加複雜，更加的「擺不平」。因此，我們建議家長們除了在必要的時候（如身體衝突或暴烈的行為已發生），對於三不五時所發生的各種爭端和告狀，不妨睜一隻眼閉一隻眼，採取最簡單也最有效的，以不變應萬變的方式來回應。

個別約會

一個被父母的愛填充得滿滿的孩子，是樂觀的，滿足的，也

比較不容易與兄弟姊妹發生爭執。建議父母們能夠在忙碌的生活中，製造一些固定、單獨與每一個孩子相處的時間，並且好好地把握機會，大量地對孩子表達您所能提供「最優質」的父愛和母愛。

平常心

最後，我們願意再次提醒家長們，兄弟姊妹之間的各種爭吵鬥氣，是發生在每一個家庭之中，最為稀鬆平常的一件麻煩事，人生的際遇各自不同，手足之間嫉妒和惱恨也是人之常情，無可厚非。只要您能保持一顆平和的愛心，利用本文所建議的各種好方法，漸漸的，手足之戰所發生的次數會愈來愈少，程度也會愈來愈輕，等到孩子們都長大了，小時候那種「仇家相見分外眼紅」的場面，也早已成為「此情只待成追憶」的陳年舊事啦！

提醒您！

❖ 睜大眼睛、拉長耳朵、敞開心門、仔細發掘寶寶的天分禮物。
❖ 快快複習一下您所知道的神話故事，挑個吉日良時，對寶寶開講。
❖ 對於寶寶所提出的問題，別忘了要三思再答喔！

迴　響

親愛的《教子有方》：

　　這封感謝信我非寫不可！自從小兒南南出生至今，很奇怪的，《教子有方》似乎每個月都在為我們解決心中的疑慮，如燈塔般指引我們繼續前行的方向。

　　我們真的是很幸運，能夠從一開始即擁有你們這群了不起的「智囊團」。

馬玫瑰
美國加州

第九個月

寶寶會是一個好學生嗎？

　　早從寶寶呱呱墜地的那一刻開始，幾乎每一位父母都會忍不住一再地端詳著寶寶的小臉，細數著他每一隻手指頭，摸摸他飽滿的額頭，凝視著他慧黠的雙眼，對於心中所湧出的種種未知：「你會長成什麼樣的人呢？」、「功課好嗎？」、「生得美嗎？」、「事業成功嗎？」、「婚姻子女都幸福嗎？」……，也同時會反覆地思索與考量。

　　轉眼寶寶四歲九個月，快滿五歲，也快要準備正式上學了。您難免會緊張起來，從某一種角度來想，學校可算得上是人生旅途中，寶寶將會遇到的第一個戰場，您心愛的寶寶能在學校中昂首挺胸迎接每一場競爭嗎？他能夠漂亮地打贏許多勝仗嗎？跌倒的時候，寶寶能夠自己爬起來，拍拍身上的塵土，繼續往前衝刺嗎？他能夠高奏凱歌，滿載知識的戰利品，凱旋而歸嗎？

　　《教子有方》無法為家長們問卜未來，但是我們願意從兒童心理學的立場，根據科學的研究結果，來與您一同衡量寶寶是否已經全然準備妥善，可以展開他的「求學生涯」，以及寶寶是否已裝備好了所有「過關斬將」所需的「精銳武器」，能夠輕易地成為一個各方面表現皆可圈可點的好學生。

好的開始是成功的一半

　　在美國公立學校的學制中，一個孩子只要年齡滿了五足歲，即自動合格可以進入幼兒園（kindergarten）就學，在全民教育的理念下，這不失為一個良好的政策，然而，以兒童心理發展的立場看來，這卻不見得是最好的安排。

　　原因在於，每一個孩子都是獨一無二的，而每一個孩子成長的速度及發育的形式，也都是獨樹一格、與眾不同的。一般說

來，兒童是否能在學業方面有所表現，完全取決於四項要領：

1.有效率的學習，唯有當孩子準備好了要學習的時候，才會發生。

2.光憑一個孩子的年齡，並不能完全準確地評估這個孩子是否已經準備好了。

3.在孩子尚未準備好之前，老師和父母們所做的「人爲的」努力，大部分都會吃力不討好、徒勞無功和白費力氣。

4.因爲沒有準備好而導致的學習失敗，會在孩子心中留下深深的負面印象，造成日後對於學習的厭惡和反感。

親愛的家長們，您一定會問，該如何才能看得出寶寶是否已準備妥善，可以展開學習了呢？

還記得《教子有方》在每一個月中都爲您介紹的各種親子活動嗎？這些活動除了有趣好玩之外，最大的目的就是幫助家長們爲寶寶的入學做好萬全的準備，因此，我們有十足的信心和萬分的把握，《教子有方》的讀者們必然已在過去這四年多以來，爲寶寶提供了大量且多元化的學習經驗，您的寶寶想必也已具備了一切入學的條件了。

以下我們將從社交情感發展（social-emotional development）、大小肌肉行爲能力（motor skills）以及心智成熟程度（intellectual readiness）三個方面，來爲家長們探討，孩子在入學之前所應具備的各種學習條件。

社交情感發展

從一個孩子背著書包，踏入校門口的那一刻開始，他所將面對的是一個由很多其他的孩子，所共同組成的「群體」，他必須懂得如何在群體中適應生存，如何處理來自於這個群體的各種要求，不卑不亢地參與群體的各種活動，並且投入群體中錯綜複雜的人際關係。過去他所最熟悉的一對一相處模式（寶寶和媽媽、

寶寶和保母、寶寶和阿公等），將不再存在於幼兒園中，這一項重大的轉變對於某些孩子來說，將是一個頗爲辛苦的成長經歷。

從許多兒童發展的研究結果中，我們知道一個孩子如果在學齡之前能經常且固定地和其他同年齡的孩子相處在一起（例如小公園中的玩伴、保母家的朋友、星期天和表兄弟姊妹們相聚等），那麼他會比較容易成功地踏出家庭，跨入學校。

想要成功地躋身於學校的大團體中，一個孩子需要擁有一些基本的能力：

• 寶寶需要懂得如何與人相處、與人共事、與人合作，舉凡排隊和輪流等的概念，他不僅要知道，還必須要能熟練地運用。

• 寶寶也必須有能力和人做朋友。學術研究曾指出，我們可以從一個孩子交友的能力，來預測他在學校的表現。

• 在一個群體之中，寶寶要有能力控制自己的行爲和情緒，他不可以自私自利，也不可以橫行霸道，更不可以罵人、推人、踢人或和別人打架動粗。

• 此外，寶寶要能學會中規中矩，恰如其分地與非家庭成員的權威代表（如老師、校長等）相處和來往。

親愛的家長們，想想看，您的寶寶是否早已具備了以上所列出的「群體特質」？又或許您的寶寶還需要在一些小團體中加緊磨練一番，才能應付校園中的社交生態呢？

大小肌肉行為能力

一個孩子每天在學校中所進行的各種活動，可說是應有盡有，花樣百出，因此，在行為能力方面，他必須要具備以下所列的各種本領，方才能夠成功地適應學校的生活：

• 大肌肉活動：筆直走在一條線上不歪倒、向前跑步和倒退跑步、單腳往前跳、單腳往後跳、像一匹小馬般邊跑邊跳、用手拋出一個小皮球、對著矮矮的籃框投籃球等，都是寶寶在入學之前應該學會的本事。

• 小肌肉靜態的技巧：寶寶要能握筆、畫圖、著色、用彩筆畫水彩、用小剪刀剪紙、用漿糊黏貼勞作、自己穿脫外套，還要能拉拉鍊和扣釦子。

如果您的寶寶在這些項目之中，仍有許多做來十分的吃力，請您千萬別擔心，只要您能每天抽出一些時間來為寶寶「惡補」一番，聰明的寶寶應該能夠在很短的時日中，將這些本領全部學會，然後開開心心地去上學。

心智成熟程度

學校的主要功能是傳授知識，因此，幼兒在智慧方面成熟的程度，直接主宰著他在學習知識方面的表現。您的寶寶如果在正式上學之前，已具有以下所列出的種種認知能力，那麼他將較能「如魚得水」般地融入學校的學習氣氛之中，輕鬆愉快地飽饗知識的「滿漢全席」：

• 顏色：寶寶最少要能認得三種不同的基本色（包括紅色、黃色、藍色、綠色、黑色和白色）。

• 形狀：寶寶要分辨得出一些日常生活中常見的幾何圖形（如長方形、方形和圓形）。

• 數目字：寶寶要學會正確地從一數到十。

- 方塊字：認得幾個簡單的方塊字（如大、日、中、王、人等）。

- 拼圖：能夠將一個簡單只有四到六塊的拼圖，不靠人幫助地拼出來。

- 記憶與順序：在聽過一遍之後，能夠正確地重複說出一連串四個數字（如6-3-1-8）。

- 語言字彙：對於日常生活中所經常使用的字彙（例如打雷、狼狗、電梯、吃火鍋等）應該都能聽得懂。

- 生活常識：對於生活中的各種基本常識，已擁有相當程度的了解（例如腳踏車有兩個輪子、檸檬是酸的、紅燈要停車、月亮有圓缺、爸爸的爸爸是爺爺等）。

- 相反的概念：長和短、胖和瘦、大和小、黑和白、冷和熱、餓與飽、天與地等相反的事物、字義和概念，寶寶要能朗朗上口，倒背如流。

- 詞類的概念：四歲半的寶寶還要能將一些事情之間的相同處明確地指出來。例如外套和手套都是外出禦寒之用，鉛筆和橡皮同是寫字的工具，而積木和火車則都是寶寶心愛的玩具。

- 不同類的概念：寶寶也要能夠指出一些存在於相似物體之間不相同的部分，如貓和狗有什麼不一樣？襪子和皮鞋又有什麼不同？

親愛的家長們，《教子有方》願意在此再一次鄭重地向您重申我們一貫的主張：「最有效的學習，必須在孩子身心全都準備妥善之後，才會在一種輕鬆有趣又好玩的環境中（也就是寓教於樂）發生。」

我們在此為您羅列這麼多寶寶必須懂得的常識，目的並不是希望家長們要努力去「填鴨」，認真地將這些知識全都塞進寶寶的腦子裡去，我們知道，對於幼小的兒童所進行的學術密集訓練，大多數不但事倍功半、效果不彰，還會揠苗助長地影響孩子

日後的學習。

知道嗎？雖然法國政府硬性規定，每一所學校從孩子五歲的時候起就必須開始教他們閱讀，期望能及早提高兒童的閱讀能力，然而，卻有高達百分之三十的學童遭遇到閱讀障礙的困難。相對的，生長在丹麥的兒童們則是到七歲才會開始接受閱讀的訓練，但是閱讀障礙發生的機率卻比百分之二十還要低得許多。您認為原因在於法國的兒童先天比較笨，比較不會讀書嗎？當然不是！我們可以從這個實例中清楚地明白，強行提前孩童在學術上的進度，不但不是一件對孩子有好處的事，反而還會幫了倒忙。

因此，親愛的家長們，別忘了寶寶學習和成長的進度，應該要由他自己來決定，求好心切的您，可千萬要沉得住氣，不可操之過急，否則反而會壞了孩子未來一生的「百年大業」喔！

開學前的準備

除了為孩子採購書籍簿本、飯盒水壺、衣襪鞋帽外，在寶寶正式上學之前，家長們還要從寶寶的身體、情感與心智三方面來為寶寶做些預備工作。

首先，您可在學校正式開學之前的一段日子裡，漸漸地將寶寶的生活起居和作息方式，調整成為上學之後的程序。例如早晨七點半起床，五十分鐘之內準備好一切，八點鐘帶著寶寶出門（隨處逛逛、模擬上學的路程），十點半吃點心，十二點吃午餐（讓寶寶練習以您為他所準備好，上學時使用的餐具和飯盒吃飯），伏在桌上休息一下……，如此一來，等到真正開學的第一天，寶寶即可如魚得水，毫不費力地適應他的學生生活，也能心無旁騖地專心學習。

除此之外，兒童心理學家們也發現，如果在全班陌生的同學和老師之中，有一、兩張孩子原本就已熟識的面孔，那麼這個孩子在社交情感方面，會適應得比較輕鬆和愉快。因此，如果可能

的話，家長們可以在開學之前邀請幾位寶寶未來的同學，一起在小公園跑一跑，或是在家裡開一個小型的「慶祝上學」派對，讓寶寶和他未來的同學和朋友們之間的感情能夠「提前起跑」。

　　當然囉，本文中我們逐項所列出的各種心智體能的基本能力，家長們也應該切實地為寶寶一一準備，在一切都就緒之後，您可以安排一次帶著寶寶觀察校舍的機會，牽著他的小手為他說明：「這兒是黑板，老師上課的時候可以寫字在上面。」、「那兒是飲水機，口渴喝水時別忘了要排隊！」、「課桌中的小抽屜可以讓寶寶放些常用的文具。」……等，幫助寶寶認識環境，同時也消除一些難免會發生的恐懼。甚至於您還可以安排寶寶和級任老師短暫地見個面，彼此自我介紹，握手寒喧，互相留下一個好的印象。同時，您也可以藉機和老師溝通一些有關於寶寶的各種特殊考量（如食物過敏、喜好音樂、嗓門很大……等），幫助老師認識寶寶，也在心中為這個學生做好應有的各種準備。

　　如此這般，您為寶寶準備的上學任務，即可算是大功告成啦！《教子有方》預祝您的寶寶在人生漫長的求學過程中，能夠擁有一個最最美好的開始，快樂又有自信地在學校中學習各種知識，體驗各種經歷，等到了那個時候，您必能豎起大拇指，開心又得意地誇讚寶寶：「真不賴，寶寶真是一個好學生！」

一起唱首歌吧！

　　親愛的家長們，請您仔細想想看，近來寶寶是否愈來愈不唱歌了？是不是寶寶愈長大，就愈不像小時候那樣經常整天哼哼唱唱，不讓小嘴休息？

　　《教子有方》願意邀請您主動帶著寶寶多唱一些歌。請先別以您自己五音不全，沒有音樂細胞為藉口，我們相信人人都會唱歌，人人也都能在音樂中得到樂趣！寶寶絕對不會在乎您的歌聲

是否好聽，歌詞是否正確，他在跟隨著您邊唱邊比動作時，除了滿心的快樂之外，還可以得到一些實質的益處：

- 提升音感、韻律和節奏感！
- 增進耳朵「收音」的技巧！
- 培養優質的注意力！
- 提高手眼耳相互之間的協調與整體的反應力！

想好了您要和寶寶一起唱哪一首歌了嗎？沒有靈感？以下是我們爲您準備的兩首兒歌，也許在唱完了這兩首歌之後，您就會想起更多更好聽也更好玩的歌曲，可以和寶寶一起唱遊作樂啦！

如果你很高興

如果你很高興你就*拍拍手*

（重複一次）

如果你很高興你就*拍拍手*

我們一起唱呀，我們一起跳呀

圍個圓圈熱情歡笑*拍拍手*

接下來您可以帶著寶寶大聲唱：「點點頭」、「眨眨眼」、「用力踩」、「摸耳朵」、「聳聳肩」、「打噴嚏」，甚至「扭屁股」，別忘了還要開開心心盡情地跳喔！

猜拳歌

好朋友我們行個禮（和寶寶互相一鞠躬）

握握手呀來猜拳（兩個人禮貌地握個手）

剪刀、石頭還是布（伸出食指和中指做剪刀狀、握拳、手掌張開）

輸了就要*翻觔斗*（或是單腳跳、學狗叫、戴帽子，您可以憑著自己和寶寶共同的想像力，自由變化此處值得親子二人共同嘗試的各種挑戰）

親情倫理大悲劇？

您曾經見過，或是親身經歷過，當一個幼小的孩子死命掙扎不肯離開父母的場面嗎？

通常的情形是，幼小的孩兒拳打腳踢，使出吃奶的勁兒，死命地「黏」在父母的身上，口中還以高分貝的音量發出「慘絕人寰」的哀嚎哭求，任誰看了都會鼻酸眼紅不忍目睹。而扮演狠心棄兒的惡父惡母，則板著一張撲克臉，毫無表情，想盡方法不住地「擺脫」孩子的糾纏，一旦得逞，立即義無反顧地拔腿就跑，任孩子在身後死去活來地哭喊追趕，也堅決不回頭。天哪！這是一幅什麼樣的畫面啊！

在兒童心理學中，我們為這種情形定名為「分手憂鬱症」（separation anxiety）。這是一種常見於四、五歲兒童的癥候，「病發」的時間通常是幼兒剛踏入一個嶄新的環境，父母早晨離家上班，或是上學的第一天。事實上，每一個孩子或多或少都會經驗到不同程度的分手憂鬱症，但是每一個孩子的「病症」卻是各不相同。

一個大約四、五歲患有分手憂鬱症的孩子，可能會毫無預警地從原本好端端、開心自在、外向活潑、高高興興地去上學途中（或是目送媽媽出門上班）時，突然之間說變臉就變臉，躲在媽媽的懷中低聲啜泣，連頭也不肯抬起來。

對於沒有任何心理準備的父母而言，通常第一個反應就是：「寶寶怎麼啦？」、「是有什麼事情嚇著了他？」、「是他自己闖了禍嗎？」、「是想起了什麼傷心事嗎？」、「是不舒服嗎？」、「對！他可能是頭疼或是肚子痛，突然之間哭得這麼傷心，一定疼得很厲害！」、「快快送寶寶去醫院看急診，動作

快！」

其實，這個孩子只是和每位四、五歲的孩子一般，正經歷著分手憂鬱症的洗禮。

在我們為您深入剖析分手憂鬱症的前因後果之前，家長們首先必須了解，「人心是肉做的」，每一個人在經歷「生離死別」的當口，心中的情感都會洶湧翻騰，難過與不捨也都必然會產生的！因此，兒童們所經驗到的分手憂鬱症，說穿了，只不過是一種最單純的人之常情，麻煩只是出在寶寶的年齡實在還太小，生命的經歷也實在是非常的不足，所以當他碰到這種情形的時候，他是完全不知應該如何是好，絲毫無法「拯救」自己，只好澈底地對心中氾濫決堤的痛苦無條件地投降。

也許您會問，為什麼分手憂鬱症早不發生，晚不發生，偏偏就在孩子四、五歲，快要開始上學的時候突然發作了呢？

答案很簡單，並不是孩子不爭氣、不長進、不喜歡上學，也不是因為他現在長大了，懂得使壞與您作對，而是因為在目前這個階段，四歲多不滿五歲的寶寶打從出生以來第一次發現了他自己的軟弱、心中的膽怯和對於父母的依賴。我們所看到分手憂鬱症的各種「病癥」（哭鬧喊叫演出全武行），其實是寶寶在測驗他自己的極限，找出獨立與依賴的分水嶺，以及試探父母極限的過程之中種種的「副產品」。在有了這層了解之後，親愛的家長們，現在您是否可以鬆口氣，心平氣和地和我們一起追根究柢，找出孩子的病因，然後對症下藥，藥到病除地解決這個惱人的麻煩？

所為何來？

令幼童產生分手憂鬱症的原因有很多，有時是因為自己要上學，有時是因為突然有親人重病臥床，也有可能是因為剛結束一趟家庭旅行，更有可能令父母們想破了頭，仍然弄不清楚，為什

麼寶寶近來總要在分手說拜拜的時候，賣力地上演一場親情倫理大悲劇？

值得家長們留心的一點是，許多時候憂心如焚的父母們愈是仔細地分析和追溯問題的核心，愈容易產生深深的自責，他們處處為孩子著想，愈想愈覺得自己是非常失敗的父母，也愈加害怕孩子在他們「錯誤」和「無用」的教養之下，遭受一些永生無法彌補的傷害。於是這些家長們會非常要不得地讓孩子得寸進尺，處處得逞，使全家人的生活步調都會因為寶寶的分手憂鬱症而變得方寸大亂，痛苦異常。

心有所懼？

那麼，這整個悲情事件的主角——寶寶，他心中所想的又是什麼呢？

經常心軟，耳根子也軟的家長們請注意了，別以為您悲天憫人的愛心可以安撫孩子的失落及焦慮。事實上，每一次家長們向寶寶的抗爭舉白旗投降之後，寶寶心中的恐懼不安雖然會因為「不必分手」而暫時消除，但是他會變得愈來愈膽小，愈來愈退縮。知道嗎？您的讓步，正肯定了寶寶的無用，也證實了他的「不能說再見」的缺陷。

寶寶害怕去面對一個新的局面，因此，在分手之際他以眼淚、發脾氣和死抓住您衣衫不放手的方式，無言地吶喊著：「給我勇氣，肯定我，讓我知道我可以，再告訴我一次一切都不會有問題，告訴我現在該怎麼辦，幫助我建立信心，幫助我獨立，幫助我長大！」

成長中的寶寶需要清楚明確地感受到父母對他的愛，他期待著父母正確的帶領，仰賴著父母為他所規劃出的行為界限，全心相信父母會為他做出對他最好的決定。

兩敗俱傷？

在什麼樣的情形之下，會導致親子雙方兩敗俱傷呢？

裝扮妥當準備要出門參加婚宴的爸爸、媽媽，在寶寶大哭大鬧哀求抗爭整整三十分鐘之後，打消赴約的念頭，留在家中陪伴寶寶，這是兩敗俱傷。

計畫多時，由小叔叔帶著寶寶和一群其他的孩子去動物園看大象的活動，因為寶寶死命不願離開媽媽，不肯自己坐進叔叔的車子中，而使得全部的行程都被打亂，最後還得由原本已經另外安排了節目的媽媽，放棄自己的打算，陪著寶寶坐上小叔叔的車一起去看大象。這也是兩敗俱傷。

我們大家都知道，要「狠心」地扳開寶寶緊緊抓住您大腿的小手，假裝沒有看見那張哭得眼淚鼻涕糊成一團的悽慘小臉蛋，是多麼不容易的一件事。

我們也知道，要能挾持著一個雙腿亂動、雙手狂舞、渾身扭動還高聲尖叫不已，好像有人要謀殺他的孩子，將他塞進另外一個人的身上，毫不妥協地關上車門目送車子離去，更是一件比登天還難的事。

但是，為了避免親子雙輸、兩敗俱傷的惡性循環，這些難事不論有多麼的困難，也一定有辦得到的解決之道。

及早安排，有備無患

首先，家長們必須搶先一步，在「分手」的前一天、一個小時之前或五分鐘之前，以堅決、沒有討價還價的餘地，但是溫柔且充滿體貼的口吻，清楚地告訴寶寶，在某某時間，寶寶必須自己去上學（去奶奶家、和保母兩人待在家裡、坐小叔叔的車去動物園……等），這是您為他所作的決定，您認為這是一件為他有益的決定，因此，即使他心中會覺得有些不習慣，但是只要他能

努力地堅持下去，他一定不會感到失望。

然後，等分手的時候一到，開心地給寶寶一個熱情的擁抱，鼓勵式地道別之後，站起身來，快速將自己從寶寶的視線中移開，讓寶寶能眼不見為淨地死了「抗爭」的這條心，快快睜開淚水迷濛的雙眼，重新審視呈現在他面前的新環境。慢慢的，他會發現一些有趣的事，他會找到一張親切友善（雖然不是爸爸或媽媽）的臉孔，他會轉移心思，將分手的憂鬱拋在腦後，快樂地踏出獨立的一大步。

鐵杵磨成繡花針

這一個對付分手憂鬱症的療程，依寶寶的情形而定，可長可短，但是隨著每一次成功的分手，寶寶的病情也會愈來愈輕微，在整個事件中扮演無情無義的角色的您，也會愈來愈不那麼難堪，壓在心頭的那塊大石頭的分量也會愈來愈輕。

沒錯，對於父母們而言，這是一件需要方法、需要恆心和毅力的「長期抗戰」，家長們努力堅持的成果，會是一個上了軌道的家庭。免不了的，寶寶偶爾還是會「故態復萌」地「犯一下老毛病」，但是他「發病」的時間會一次比一次短，「病情」也會一次比一次更輕微，同時，寶寶的安全感和自信心也會節節高升，因為他知道，爸爸和媽媽會以他們聰明的頭腦和善解人意的愛心，為他做最正確、正妥善的決定和安排。

寶寶所初次投入的「外面」的「大世界」，看來將不再是那麼的可怕，也不再是那麼的危機四伏，相反的，寶寶會在父母的「決策」和「戰略」之下，安全地啟程，展開人生另外一個階段的成長。

　　因此，親愛的家長們，寶寶的分手憂鬱症是您務必要痛下決心爲他根治，只許成功不許失敗的重要任務喔！建議您不妨將本文反覆熟讀，拿出您最大的恆心和毅力，從「聞、望、觀、切」開始，細細地展開診療的工作吧！

假裝我是……

　　藉著「假裝」的遊戲，寶寶不僅可以充分地發揮他的想像力，還可以鍛鍊聽力、腦力，增加空間和時間的概念，更重要的是，家長們還可以各式各樣的創意，來增進孩子的行爲能力。

　　我們將在本文中，爲家長們介紹許多有趣並且富於教育意味的「假裝」遊戲，您可以依樣畫葫蘆帶著寶寶玩，也可隨著心中的靈感創意，變化出更多豐富的玩法。

遊戲宗旨

- 增進寶寶對於自己身體的認識。
- 發展肢體在空間中的協調互動。
- 促進韻律與平衡的學理。
- 激勵寶寶更加活潑的想像力。

場地

- 室外安全的空地。
- 室內無滑倒或碰撞顧慮的場地。

種類

　　一個人的行爲大致可以分爲三大類，移動中的動作（locomotive movements）、非移動中的動作（non-locomotive movements），以及屬於雙手的動作（manipulative movements）。移動中的動作正如其名，包括了一切移動身體所在位置的活動，如走路、跑步、側滾、雙腳跳、滑步、爬、游泳、翻觔斗等。

非移動中的動作包括了一切不改變身體位置的活動，如揮手、轉頭、伸懶腰、爬猴竿、鞠躬、屈膝等。

屬於雙手的動作，則包括了推、拉、拍、打、抬、舉、拎、接、扔、拋、擲、投、敲等。

遊戲開始

假裝遊戲最大的優點，是每一個參加的大人和小孩都是「贏家」，在想像的國度中，不論他是如何地假裝，都絕對不可能是錯的。學術研究曾經指出，一般而言，喜歡玩假裝遊戲的孩子們會比較容易專心，具有過人的想像力，並且懂得超級多的詞彙。

親愛的家長們，您自己曾經在小時候玩過這個好玩的遊戲嗎？還記得這個遊戲是怎麼玩的嗎？在您每日忙碌和認真的生活中，能不能抽出一些空檔，和成長中的寶寶一起玩玩這個有助於孩子成長發展，同時也有益於大人身心健康的親子遊戲呢？

移動中的動作

• 走路：「假裝我們是機器人」、「小花貓」、「大巨人」……。

• 跑步：「假裝有一個壞人在後面追你」、「如果你是和奶奶一樣的老太太」、「爸爸早上上班趕不上公共汽車的樣子」。

• 翻滾：「假裝你是一個從山坡上滾下來的汽油桶」、「假裝你是一張前後搖晃的搖椅」。

• 雙腳跳：「假裝你是一隻小白兔」、「一隻大袋鼠」……。

- 滑：「假裝你現在抱著一個枕頭從溜滑梯上滑下來」、「假裝你在滑雪」、「溜冰」。
- 跑馬步：「假裝你是一匹賽跑的馬」、「一隻牧羊的狗」。
- 跳高：「如果你是一隻牛想要跳進水池中，你會怎麼跳？」、「假裝你是神射手投籃」。
- 爬：「假裝你是一隻小烏龜，從房間這頭爬到那頭去！」、「假裝你是一隻毛毛蟲爬在樹枝上」。

非移動中的動作

- 搖擺：「假裝你是一棵在風中搖曳的柳樹」、「假裝你頭昏了」。
- 伸展：「假裝你長得和房子一般高」、「假裝你是一隻長頸鹿」。
- 彎曲：「假裝你彎下身來摘一朵花」、「拔一棵紅蘿蔔」、「搬一粒大西瓜」、「假裝你是古時候的大臣向皇上磕頭」。
- 轉彎：「假如你是一輛轉彎中的腳踏車」、「小汽車」、「消防車」……。
- 扭轉：「如果你變成一條橡皮筋，可以轉多少圈啊？」、「假裝你是一條濕毛巾，要被媽媽擰乾」。
- 爬：「假裝你是一隻爬在樹上的無尾熊」、「假裝你是上升中的國旗」。

屬於雙手的動作

- 推：「假裝你推開房間的門」、「假裝爸爸的車子拋錨在路上，我們大家一起來推車」。
- 拉：「假裝你是漁夫，網住了一條大鯨魚，快把魚拉上船

來」、「假裝你拉著兩歲的弟弟去公園散步」。

- 抬：「讓媽媽瞧瞧你抬起一支羽毛、一張紙、一個皮球、一張小板凳是什麼樣子」。
- 接：「假裝你接住了一個棒球」、「假裝你接到了爸爸丟給你的外套」。
- 丟：「假裝你丟一個飛盤給哥哥」、「假裝你丟一塊西瓜皮到垃圾筒中」。
- 拍打：「假裝你很生氣拍桌子」、「假裝你拍拍小狗的頭」、「假裝你拍掉身上的餅乾渣」。
- 敲：「假裝你幫爸爸釘桌子、釘勾子掛相框」、「敲敲門」。

調和幸福的顏料

幸福的感覺來自於家庭，是和所愛的人親密互動時，自然散發出的一種快樂和滿足。家庭成員們彼此來往的方式，決定著這個家庭是美滿可愛，還是愁雲慘霧，所導致的後果不僅影響目前的生活，更會在落入了一種習慣性的模式之後，操縱著家人們（尤其是在這個家庭中長大的孩子們）未來一生中與人之間的各種關係，連帶著也影響了每個人眼中所認識的自我。

以下是《教子有方》為讀者們所列出的幸福配方，幫助您和家人們都能平和不發怒、相愛不相恨、合作不競爭，為每一天的幸福生活而努力。

收起心中的天平

每一個生命都有其得天獨厚與眾不同之處，家中的每一位成員也是各有優缺點、各有長短處、各有興趣喜好、各有特殊的經驗以及「活著的」方式，因此，家人們彼此之間難免會互相比較

（例如「爲什麼我從來不遲到，你卻是天天遲到」、「爲什麼全家人就只有我長得最矮？」、「爲什麼哥哥不唸書還是可以考第一名？」而父母們更是會無法自制地非要將每個孩子互相比較一番：「老大八個月時就會走路，老三到現在一歲多了還在滿地爬！」、「哥哥小時候總是會吐奶，妹妹的胃口卻像個無底洞」、「老大的鬢髮又黑又亮，老么的頭髮怎麼又乾又黃，稀稀疏疏的呢？」

我們非常了解，如果老大和老二都愛游泳，但是老三卻怕水怕得不得了，父母們一定會不由自主地開始思前想後地比來比去，但是我們仍然要奉勸家長們：「不要比，要讓您的孩子做他自己！」

睜大您客觀的雙眼，仔細找出每一個孩子的特點和天分，鼓勵每一個孩子各自朝著自我的方向去發展，幫助孩子接受自己、肯定自己，不要讓孩子在和人比來比去的心情中「判斷」自己。

個別約會

試試看，您能不能夠辦到，和每個孩子每天都個別單獨相處大約十到十五分鐘（或是更長，愈久當然愈好）的時間，輪番爲孩子們提供「個別服務」？

在「排班」方面，您可以技巧地把握住一些「畸零」的空檔，例如當老大進浴室洗澡的時候，您可以和老二獨處一陣子，而老么睡午睡的時間，您即可用來和老大「密談」一番。這麼一來，您在時間的調配和掌握上，便不會太緊張、太痛苦，當然囉，假如您真的是忙不過來，沒有時間每天爲孩子們「個別服務」，那麼在每個星期中找出一到二次的時間，和每一個孩子單獨「約會」，也不失爲良好的安排。

當您「克服萬難」養成習慣爲孩子們「個別服務」之後，您會發現，不僅您和孩子彼此之間的感情會更加親切，更上一層

樓,在日常生活中,孩子們因為彼此爭吵而尋求您的「仲裁和事」的機會,也會愈來愈少。知道嗎?這是因為孩子們不會再因為缺少您的注意力,而製造事端了。

團體活動

多為孩子們設計一些可以彼此分工、互相合作,並且富於建設性的活動。例如您可以請哥哥唸一本故事書給妹妹聽,或是請孩子們一起收拾玩具間、一起摘空心菜等,然後請別忘了誇讚和獎勵孩子們:「謝謝大寶和小寶,將客廳的報紙和雜誌全都收好了!」或是:「太好了,你們一會兒功夫就把衣服全都折好收好了,時間還早,我們去逛書店吧!」

如此,孩子們會因為「有利可圖」,而養成彼此互相合作、親愛相處的好習慣。同時,您也可以差派小小幫手打打雜、跑跑腿,親子雙方皆得益,一舉兩得,請別忘了,要「翻新花樣」多多為之喔!

公平設限

花一些心思,為每一個孩子設下公平與合理的行為界限,並且努力付諸實行,絕不偷懶縱容。舉例來說,吃飯之前必須洗手、下雨天出門必須打傘、物品用完歸回原位等,家長們都必須在日常生活中養成習慣隨時督察,並且對於每一個孩子都一視同仁不偏袒。

然而,難免也有某些規定會引來孩子們「不公平」的抗議,例如:「為什麼姊姊可以買書包,我不可以?」或是:「為什麼我八點半就要睡覺,弟弟卻可以玩到想睡的時候再睡?」這個時候,家長們必須要先站穩立場,認清「因人而異」並不代表不公平,而是一種最為合理的境界,溫和但堅持地施行:「我們為姊姊買一個新書包,那是因為姊姊上學,需要一個好的書包。小寶

現在不上學，等小寶上學，我們也會爲小寶買一個新書包！」、「你明天早上要早起上學，所以晚上需要早睡，弟弟不上學，早晨可以睡晚一些再起床，才可以遲一些入睡！」這麼一來，孩子即能體會到您對他用心良苦的真心，不再以「不公平」來找麻煩囉！

屬於全家人的時段

以某一種適合全家人的方式，例如晚餐時間、早晨一家人共同乘車的途中、周末一起運動或爬山，甚至於硬性規定一個家庭會議的時間，在這個時段中，讓孩子們能夠自由發表心中的意見和感受，家長們請抱著爲孩子解決問題、爲家庭解決糾紛的誠意，千萬不可以「哈！你不打自招，被我逮著了，這下子要好好修理你一番」的心態，來主導這個屬於全家人互動的時間，如此，您才能把握寶貴的機會，營造全家真正的幸福喔！

提醒您！

❖ 要有信心，您的寶寶一定會是一個好學生。
❖ 治療寶寶的分手憂鬱症，您需要拿出愚公移山的精神喔！
❖ 別忘了抽出時間和寶寶玩玩「假裝」的遊戲。

迴　響

親愛的《教子有方》：

　　對於像我這樣初次做媽媽的人而言，我相信《教子有方》就像是一份知識的來源，每個月定期為我們補給這些多一分嫌太多、少一分則不足的重要知識。

　　如果我有用不完的時間，我一定能從坊間其他的育嬰叢書和圖書館中的心理學教科書中得到同樣的知識，但是想想又何必呢？只要有一份《教子有方》不就足夠了嗎？

　　謝謝您！

沈純麗
美國伊利諾州

第十個月

重新認識心愛的寶寶

親愛的家長們，也許在您瞄了第一眼本文的標題時，心中會不以爲然地認爲：「認識寶寶？我當然認識自己的寶寶啦！從小到大，寶寶的每一件事我不都是瞭如指掌嗎？」然而，此刻如果有人問您：「寶寶是一個什麼樣的孩子？他的長處是什麼？短處又是什麼？他獨樹一格的特徵是些什麼呢？」你仍然能夠不假思索、貼切地回答每一個問題嗎？

再過了不了多久的時間，您的寶寶即將正式入學了，在一個注重品格、課業及體能表現的大環境中，您將會突然之間從寶寶身上，發現許多過去所從來未曾注意到的特徵。

正如古人所言：「知己知彼，百戰百勝」，在教養子女「百年樹人」的長期任務中，家長們的勝算必然源自於對於子女正確的了解，以「因材施教」而非「望貓成虎，望雞成鷹」的心態，方能成功地培植出一個興旺勃發的新生命。因此，我們願意邀請《教子有方》的讀者們，要以客觀超然的立場來審視自己的子女，如此一來，您不但能夠因爲了解而拉近親子之間的感情，還能更加正確與有效地爲孩子規劃未來一生的發展，我們認爲這是一件做來不太費事，但成效卻十分重要的工作。

如何像「超級星探」一般，以慧眼看出寶寶的天資秉賦以及缺點短處呢？當然囉，讀者們可以藉著逐月閱讀《教子有方》，按部就班、全方位地深入「透視」孩子的身心發展，找出寶寶超前、落後和打平「大部分同年齡孩子」的特質與表現。

除此之外，家長們也可自我練習，培養出高人一等的「觀察能力」，除了能看出孩子與眾不同的特徵之外，更可藉以了解生活中其他各式人物的性格，增進多元化的人際關係。

觀察而非觀看

在家長們培養良好的觀察能力之前，我們願意先為您指出，觀察與觀看的不同處。所謂的觀看，是以「純欣賞」的角度來看著寶寶，看他吃喝起居、看他唱歌跳舞、看他寫字畫圖、看他和小朋友玩在一塊……，一般說來，觀看是比較不用心思，屬於「有看沒有到」的一種意識型態。

相反的，觀察則是「看出一個所以然來」的用心打量，將所看到的一切在腦海中整理出一些結論和心得。有許多十分有效的技巧，可以幫助家長們事半功倍地「一眼看出」孩子的特徵，以下是我們為您所整理出的「觀察技巧大全」：

- 寶寶最喜歡的活動是什麼？
- 寶寶所傾向與偏好的玩具是屬於哪一種類型？
- 寶寶喜歡的動動腦、動動手、動動腳的遊戲又是些什麼？
- 在各種不同的活動之中，寶寶會自動自發地「主動出擊」嗎？還是寶寶喜歡在經過解說和教導之後，才有備無患地「開動」？
- 在人與人之間的來往方面，寶寶喜歡採取交往的第一步？還是喜歡等待別人的邀請？
- 寶寶喜歡和相同性別的孩子混在一起？還是比較喜歡和異性的朋友玩耍？
- 寶寶的交友形態是屬於「人脈亨通」？還是「量少質精」？
- 寶寶的玩耍形式，是專注沈浸於某一項活動久久不能自拔？還是興趣廣泛地對各種不同的活動都想試試身手？

• 對於一項寶寶十分有興趣的活動，他一次可以專注其中多久的時間？

• 在有選擇的情形之下，寶寶比較喜歡室內的活動？還是戶外的活動？

• 對於寶寶所身處於其中變化萬千的美好世界，他是興奮無比、滿心好奇地期待著每一次嶄新的際遇？還是會在「一躍而入投身其中」之前，先謹慎地觀察，冷靜地分辨？

• 當寶寶「身不由己」非得中止一項活動，「轉換跑道」開始另外一項活動時，他是心甘情願「隨遇而安」？還是會堅持己見，抗爭到底？

• 在日常生活之中，有沒有一些對於同年齡的孩子們來說，理所當然毫不費力的活動，寶寶卻是怎麼也學不會，每一次做來都倍感吃力呢？

• 寶寶處理挫折、失敗和「不得意」的方式，您覺得還算好嗎？

• 寶寶玩不玩「想像式」、「假裝式」的遊戲？

• 在大多數的情形下，寶寶喜歡獨自玩耍？和小朋友一起玩耍？還是兩者皆可，有玩伴的時候一塊玩，沒有玩伴的時候也不抱怨寂寞和無聊？

• 在寶寶經常往來的小朋友之中，他最喜歡和哪些孩子在一起玩？年齡比他大的小哥哥、小姊姊？年紀比較小的弟弟、妹妹？還是年齡相仿的玩伴？

• 當寶寶正在從事某一項活動，或是某一種遊戲時，他對於周遭的人物及一切動靜，是採取旁若無人、視若無睹的態度，還是他會眼觀四面、耳聽八方，準備隨時應變？

• 同年齡的孩子們所共有的氣質、本領和特徵，您的寶寶擁有多少？是哪些項目？

• 在寶寶的體能、心智、社交、情感各方面的發展中，最容

易、也最明顯地在一群同齡的孩子們之中表現出來的特色是什麼？您自己看出來了嗎？其他的親朋好友也看出來了嗎？

在您試著回答以上所列的這些問題時，您對於寶寶的觀察能力也會在無形之中升等，更加了解自己的孩子。您可以在孩子入學之際，將各種有關於寶寶的正確資料提供給老師，為寶寶的「校園求學」生涯打下良好的基礎。您也可以在寶寶每日「生活就是學習」的成長過程中，更加妥切地引導孩子的發展。更重要的是，您會因為了解，而避免對於孩子錯誤的期望，預防也減少許多容易導致親子雙方「兩敗俱傷」的不良後果。親愛的家長們，現在您能同意我們的看法，願意以本文所列的觀察技巧，來重新認識心愛的寶寶嗎？

跳圈圈

四歲半快五歲的寶寶，近來對於自己身體中各個「大型肌肉」的控制能力，已發展得有模有樣、收放自如了。這也是為什麼，您的寶寶在過去這一段日子以來，特別喜歡跑跑跳跳的緣故。沒錯，他正抱著一種躍躍欲試、練練本領的心態，迫切地想要知道自己現在到底有多麼的了不得。

為了避免寶寶整日橫衝直撞、飛崖走壁地製造意外，《教子有方》建議家長們以引導的方式，來幫助寶寶適宜地宣洩他的「衝勁兒」，以下我們為您介紹這項流傳已久，十分簡單，但是好用得不得了的遊戲，供寶寶練練他的一雙「彈簧腿」。

雙腳跳

用一隻粉筆在地上連續畫出幾個圓圈圈，帶著寶寶左腳一個圈、右腳另一個圈地跳過來，再跳過去。

單腳跳

利用相同的連環粉筆圈，讓寶寶單腳跳入每一個圈之中，從這一頭跳到那一頭，換另外一隻腳，繼續單腳跳，再從那一頭跳回這一頭。

變化跳

您可以改變粉筆圈排列的方式（例如不規則地忽左忽右、忽遠忽近），您也可以在粉筆圈中加入文字（阿拉伯數字、注音符號、英文字母、甚至於家人的姓名），增加這個遊戲的趣味性和挑戰性，同時還可幫助寶寶邊作學問（認字、數數兒），邊鍛鍊身體，達到寓心智體能之教育於親子同樂的超級目的。

天哪，寶寶居然會撒謊！

在大多數家長們的心中，要成為一個好孩子的條件，包括了聽話、守規矩、有禮貌、與人和平相處、整齊清潔守秩序和誠實等重要的特質。在這些特質之中，誠實永遠是眾所公認最重要的一項。因此，當幼小的孩童面不改色或是吞吞吐吐地說出了一些「非事實」的時候，為人父母者很少有人能不為之痛心疾首，揪心抓狂。

親愛的家長們，想必您也不例外，在面對寶寶「童稚的謊言」時，腦中難免會即刻閃出千百種從「沒什麼」到「天快塌下來了」的想法，也會因為不知如何反應這項挑戰，而經常採取了成效不彰，事後又容易後悔的錯誤對策。

在我們為您提出因應寶寶撒謊的策略之前，首先您必須要了解，兒童說謊和成人說謊是兩碼子完全不同的事！

一般說來，成人說謊大多是心知肚明，故意陳述一些與事實

不相符合、不是事實的話語，刻意引人相信一些原本不存在的想法。幼小的兒童「不老實說」的原因，卻又比成人說謊要複雜許多。也就是說，您的寶寶如果不說實話，原因有許多，除非您能保持冷靜清楚地看出寶寶說謊的動機，否則不論您如何威逼利誘，使出任何的手段，也都無法預防寶寶繼續說謊，養成從小就開始說謊的壞習慣。

　　以下我們將為您逐一解說兒童說謊的原因，並提供正確的「破解之道」，建議家長們務必從頭到尾仔細地讀一遍（當然囉，多讀幾遍牢記在心會更加有用），及早扼阻孩子說謊的動機和意圖，趁問題還不算太嚴重的時候，澈底破除寶寶的「心結」，一勞永逸地調教出一名永生不再說謊的正牌好孩子。

想像力決堤

　　大部分幼小的兒童會在三到四歲的時候，會「有的沒的」胡扯亂說，這是因為孩子從這個年齡開始，將展開一段維持數年的「夢幻想像」成長旅程。

　　家長們會從寶寶的口中聽到一些「怪力亂神」，荒唐無比的無稽之談，譬如說，寶寶會「像真的一樣」興沖沖地跑來告訴您：「爸爸，爸爸，我剛才在陽台上看到巷子裡有一隻大鯨魚，好大好大，還會噴水喔！」此時您的心中，請快速地想起，寶寶並不是在說謊，他是正在「真心誠意」地對家人們述說一個「天方夜譚」般的故事：「沒有什麼不對呀？每晚睡前爸爸和媽媽所讀的故事中，不是也包括了各式各樣的『故事』嗎？傑克家院子中有棵直達高天的仙豆，我家巷子當然也有一隻會噴水的大鯨魚囉！」

教子良方

　　家長們此時最不應該有的反應是皺眉頭、潑冷水或毫不留情地要寶寶閉嘴別再說了。要知道，成長中的想像力和創造力是無

比珍貴的寶藏，聰明的家長要學會如何適時地澆灌這株嫩芽，將之導向正確的發展方向才是。

因此，與其板起臉來教訓寶寶不可撒謊（別忘了寶寶其實並不是在撒謊），不如因勢利導，加入寶寶的想像王國，然後再明白地點出想像與事實的差別：「哇！寶寶，這是你編的故事嗎？來，你把剛剛想到在巷子裡的大鯨魚畫在這一張紙上，讓爸爸看看和真正的大鯨魚有些什麼不一樣的地方！」

至於那些不可說謊的大道理，我們的建議是，根本不必提了。

逃避現實

等到寶寶稍大一些（大約四、五歲左右的時候），他會比較懂得事實與想像之間的不同，而不再輕易地讓想像氾濫成謊言。但是他們仍然弄不明白「不老實說」是怎麼一回事。因此，孩子們會利用「非事實」，來逃避一些他所不喜歡的現實。

舉例來說，一個闖了禍的孩子會覺得在父母的眼中，「禍事」本身要比「謊言」更加嚴重，而且「謊言」本身雖然不好，但說出「謊言」的自己卻不會不好，因此，寶寶會在不小心推倒了花盆（「禍事」是媽媽不喜歡的）之後，滿臉無辜地說：「不是我弄的！」（「謊言」比「禍事」好一點）、「媽媽抱抱！」（「謊言」會令媽媽生氣，但是說謊的寶寶仍是媽媽的好寶寶）

此外，有些孩子也會因為極端害怕隨著「禍事」而來的懲罰，而選擇利用說謊來「自衛」。家長們應該可以從寶寶說謊時，渾身不自在、不敢正眼看人、咬嘴唇、眨眼睛、支支吾吾、扭來扭去的肢體語言，看出孩子心中的恐懼。

教子良方

在這種情形之下，您的心中明明知道孩子正犯了嚴重的「說謊」大罪，您也可能已經怒髮衝冠，準備大肆修理一番這個「不

知天高地厚」的「混寶寶」，但是我們在此處的建議是，請您務必要「高明」地保持冷靜，理智地分析寶寶撒謊的動機。

最重要的一點，請家長們千萬要留心，不要嚇跑了真相！因為一個害怕因為說了實話而遭受嚴厲處罰的孩子，他會寧願選擇說謊，讓父母氣得跳腳，也不願抖出不堪的事實而令自己遭殃。

也就是說，您一定要能夠使寶寶切身地感覺到，即使是再不好聽的實話，也會受到尊重、肯定和某種程度的鼓勵。親愛的家長們，在寶寶口吐真言之後，不論是如何「恐怖」的爛攤子，為了獎勵寶寶的誠實不撒謊，請您務必「打落牙齒和血吞」，勇敢地面對事實，和寶寶站在同一陣上，同心協力收拾善後，千萬不可將自己的怒氣發洩在孩子身上，別忘了，孩子必須在錯誤中學習，而誠實的後果，絕對不能是寶寶所擔當不起的重罰啊！

騙取父母的注意

在某些情形之下，幼小的孩子會以撒謊來博得父母的注意力，例如寶寶會故意將一隻拖鞋扔進馬桶裡，但是抵死也不肯承認這件壞事是他幹的。

這種形式的說謊，通常會和家庭中某些重大的事件同時發生（如搬家、弟弟妹妹的報到、或是母親重返職場等），和父母對於孩子的關愛突然減少的時候。

教子良方

如果父母已經親眼目睹了寶寶所闖的禍，或是寶寶的惡行早已罪證確鑿，那麼此時父母們要小心避免寶寶罪上加罪，增添說謊這一個項目。不必再多問：「你是不是打破了聖誕樹上的彩球？」（此時寶寶可能會為了要自衛而說謊不承認，甚至於栽贓到妹妹身上）只要「正氣凜然」地告訴寶寶：「媽媽看見你爬到椅子上，把一個聖誕彩球摔破在地上，是不是很不好呀？」

誠如俗話所說：「心病還需心藥醫」，要澈底破除寶寶為了謀取父母的注意力而使壞撒謊的詭計，您唯一的方式，就是多多給予寶寶他所渴求的關懷與愛心，特別是在家中有重大事件發生時，請千萬別忽略了寶寶的存在和他的感受。

自吹自擂

幼小的孩子偶爾也會以說謊來令朋友或父母對他刮目相看，這一類型的謊言通常會以事後誇大其詞、陳述不實真相的形式出現。

例如寶寶會告訴您：「我剛才投了十個球進籃框！」或是：「我一口氣吃了三十個水餃！」在誇大其辭的謊言中，流露出他「希望」自己所能達到的標準，而完全「忘記」了自己真實的一面。

教子良方

在處理這一類型的謊言時，家長們首先必須了解，一個孩子之所以會以謊言來誇張地炫耀他自己並不真正擁有的本領，那是因為他認為要成為一個大人眼中「有分量」的「小人物」，他就一定要在某些方面能做出驚人的舉動和成就。因此，與其痛責孩子的不誠實，您不如追根究柢地找出為什麼一個小小的孩子，會如此迫切地想要擁有超出能力範圍的表現？

也許是家長們平時在不自覺之間，流露出「好大喜功」的傾向影響了孩子，也許是家長們「嫌失敗愛成功」的心事早已被孩子看穿，要能澈底根除孩子「自吹自擂」「往自己臉上貼金」的說謊習慣，家長們唯一的辦法就是不斷、不斷、不斷地肯定孩子原始的本質，停止比較，建立孩子的自信心，鼓勵他事前全力以

赴，教導他事後開心地接受一切的得失與成就，慢慢的，寶寶會逐漸放棄不必要的自我吹噓，能夠坦然篤定地將真誠實在的自我，呈獻在眾人面前。

美夢成真

與上述自吹自擂的說謊動機頗為相似，幼小的兒童也經常會「自欺欺人」地以一些美好的謊言，來滿足內心深處迫切的願望。

譬如說，即使寶寶已經很清楚的知道，爸爸和媽媽絕對不會買一台掌上型電動遊戲機給他玩，他仍然會忍不住地告訴他的朋友：「等我生日的時候，我的爸爸會買一台掌上型遊戲機當作我的生日禮物。」這麼一來，他可以在一種「假想」的情景中，得到他所嚮往的幸福感覺。

教子良方

當家長們發現孩子開始一而再、再而三地以謊言來欺騙自己，也欺騙他人的時候，請看在孩子深切的渴望無法得以滿足的份上，不要一味地指控他的說謊行為，更要小心不可「雪上加霜」地傷了孩子的自尊心和自我認知。

最有效的教導方式，應該是以溫和、冷靜、百分之一百實事求是的口吻來開導寶寶：「乖寶寶，我們都知道你很想要一台遊戲機，但是我們也都知道，你生日的時候，爸爸是絕對不會買遊戲機當作你的生日禮物。剛才你說的話不對了，下次要注意，不對的事實不可以隨口亂說！」

如果寶寶仍然忍不住地要往說謊的「死胡同」裡去鑽，家長們可稍加堅持，義正詞嚴地糾正寶寶：「媽媽知道有些話你不說出來很難過，但是如果這些話不是真實的，那麼你不論是多麼的痛苦，也仍然不可以說！」並且好言相勸：「還記得狼來了的故事嗎？說謊的孩子不但沒有人會相信他，久而久之，你會連自己

都不知道該不該相信自己所說的話了。」

有樣學樣

也有很多的時候，孩子們會冷眼旁觀父母的言行，因為弄不清楚善意的謊言、無心的謊言與真正的謊話之間的差別，而學會了說謊。

親愛的家長們，請您仔細地想一想，是否曾經在寶寶打預防針時騙他：「一點都不會痛，你根本不會有感覺。」或是：「不可以再哭了，否則警察會來把你捉走喔！」又或者您是否曾經「虛假」地謝謝送禮的友人：「那天送來的蘋果真好吃！」（其實蘋果熟爛過頭，早就全部扔進垃圾筒去啦！）

年幼的孩子弄不明白說謊和「客套」之間巧妙的不同之處，他只知道他方才聽到媽媽臉不紅、氣不喘地說了一個謊，那麼，寶寶會以為，說謊不是一件壞事，媽媽可以說謊，寶寶也可以說謊囉！

教子良方

這一道教子良方所想要改變的對象是父母，而不是孩子。不要試著去對一個不滿五歲的孩子，解釋你騙人的用心良苦和善意體貼，寶寶是絕對不會了解的。因此，如果您無法「戒掉」自己「撒善意小謊」的「好習慣」，那麼請您至少要留心，不要再繼續當著寶寶的面來發表您的「違心之論」。

不論如何，《教子有方》仍然建議家長們，您要以身作則為寶寶樹立誠實的風範，即使有的時候，誠實為您帶來眼前的不便，製造出「現時」的麻煩，但是只要您能夠堅持原則，不怕麻煩、不懼困擾地不再說謊（包括了各種範圍、各種心意的謊），那麼您和您的寶寶必能很快領悟出「誠實是金」（honesty is the best policy）的寶貴道理。

管教子女的十項禁忌

有許多家長們在教養子女的過程中，會陷入一種「說破了嘴皮子也不聽」、「軟硬皆不吃」、「依舊我行我素」的窘境。當這種情形發生的時候，問題的癥結通常不是因為孩子本質頑劣，而是出於家長們所使用的方法，或多或少有些不適當、不得體，使得一場「管教」的結果不但無效，反而讓情形變得更糟。

以下我們為家長們歸納出十項您應該努力為之、十項應當努力戒之的重點，供家長們仔細斟酌與思考。

十帖良藥與禁忌

良藥一：一次只對付一個問題。

禁忌一：不要因為寶寶的一樣行為而一發不可收拾地算起「總賬」，更不要藉此翻出陳年舊賬。

良藥二：讓孩子清清楚楚地知道，您對他的行為規範與要求。（例如：「等一會兒媽媽和阿姨說話的時候，寶寶你自己在一旁玩積木，不可以來吵我們！」）

禁忌二：不要下達含混籠統的命令。（例如：「等一會兒媽媽和阿姨說話的時候，你要乖乖的喔！」）

良藥三：直截了當、一針見血地說出您的意思。（例如：「唉呀！寶寶你把糖灑得滿地都是！」）

禁忌三：不要對寶寶提出無意義的問題。（例如：「寶寶你為什麼這麼不小心，把糖灑得滿地都是？」）

良藥四：簡單明瞭，陳述重點。（例如：「不可以打小寶寶！」）

禁忌四：不要設下空洞的要求與限制。（例如：「寶寶，不是說過要好好地和小寶一起玩，不可以吵鬧嗎？」）

良藥五：愈短愈好。

禁忌五：不要長篇大論地將四書五經中的大道理全都搬出來，幼小的孩子肯定是接收不了的。

良藥六：一件事歸一件事。

禁忌六：不要誅連九族，更不可波及無辜。（例如：「這麼會偷懶，和你爸爸一模一樣！」）

良藥七：前後呼應，口徑一致。

禁忌七：不可隨著自己的心情朝令夕改，或是心情好的時候睜一隻眼、閉一隻眼，隨便就算了，心情不好的時候則稍微犯規就搬出大刑伺候。

良藥八：控制自己的情緒。

禁忌八：不要在盛怒之下，以如火山般爆發的情緒傷害孩子的心靈。

良藥九：保持說話聲調的平和。

禁忌九：不要對孩子大聲吼叫或尖聲怒罵。

良藥十：讓寶寶知道，雖然他的行為傷了您的心，但是您依然深愛著他。

禁忌十：不要諷刺也不要人身攻擊。（例如：「怎麼會這麼

笨呢？真受不了你這個孩子！」）

不可丟了孩子喔！

　　許多家長們都曾經有過在熱鬧的夜市或者在人多的百貨公司中，突然之間一轉身就看不到寶寶的經驗，在尋找寶寶那短暫的幾秒鐘或是幾分鐘之內，父母們腦中會驚恐地閃過各種駭人的念頭，過去曾經聽說過的每一則綁架拐騙兒童和性侵害的新聞，都會在同一時間內全部湧上腦門，這是每一位為人父母者最最恐怖的惡夢，那種驚悚與恐懼，加上痛悔為什麼會一時失神弄丟了孩子的自責，要一直等到孩子平安回到自己的懷抱後，久久才會漸漸平復一小部分，而所殘存的大量陰影，將會如影隨形地跟隨著父母，造成極大的痛苦和不安。

　　預防「丟了孩子」或是孩子被綁架最有效的方式，在於平時即對孩子展開準備教育。然而，有許多的家長們為了種種的原因，不願意和孩子討論有關個人安全方面的話題。因此，我們願意先逐一澄清家長們心中的疑慮，再來討論如何有備無患地保護孩子的安全。

拒絕安全教育之迷思

　　在安全教育方面往往有存在一些迷思：

「我不想嚇著了孩子，讓他變成一個神經緊張的膽小鬼！」

　　有些家長們不願意孩子變得膽小怕生，對於每一位陌生人都抱著「保持距離，以策安全」的戒心。然而，我們卻認為，家長們的責任在於正確地為孩子介紹這個世界，正如每一件事都有好壞兩面一般，這個世界中充滿了和氣友善的好人，但也隱藏著不懷好意的壞人，有了這層心理準備的孩子，應該會更加的膽識過

人，不應該會被「嚇破了膽」。

「我喜歡我的孩子對人大方友好、親切熱情、完全不認生！」

　　沒錯，這般性情的孩子必然是引人疼愛，人見人誇。然而，這個孩子或早或晚都會明白，並不是每一個人都是「好人」，也並不是每一個人都會笑臉迎人，我們的建議是，與其讓孩子日後在危機四伏的環境中，硬著頭皮去學會「人心險惡」的一面，何不讓孩子在父母溫暖密實的關愛和保護之中，「安全地」學會這一課呢？

「我的孩子還太小，根本不懂事，談這些問題言之過早了！」

　　親愛的家長們，您也認為自己的孩子還小得如此不懂事嗎？那麼您就錯了，別小看寶寶只有四、五歲，他早已從電視、電影、小朋友、父母與人的談話，以及其他各種各樣不同的管道中，接觸到了這些人生的陰暗面。因此，與其讓孩子從傳播媒體或是道聽途說中得到不正確的印象或結論，何不讓他藉著父母的教導，承傳正確且寶貴的經驗與心得呢？

「我自己小的時候，爸爸媽媽從來沒有和我討論過有關於綁架孩子的事，我不也活得好端端的嗎？」

　　別忘了，時代早就不一樣了！現代科技發展的速度一日千里，整個社會的架構更是在快速地改變。愈來愈多的小家庭，日益提高的離婚率和不孕症，還有大量增加的「鑰匙兒」（latchkey children），連帶的也提高了兒童綁架與性傷害的發生機率。

　　也就是說，過去的安全標準（小學生自己翻山越嶺走路去上學）在現在這個社會中早已不敷使用，身為家長的您，在這一如此嚴重的課題上，可得拚命跟上時代的腳步喔！

「這種不幸的事情都發生在別人的身上，應該是不會發生在我的孩子身上。」

這是一種既不正確又逃避現實的想法，也是許多家長們的通病。在此，我們要慎重地提醒您，沒錯，這種綁架兒童的事件發生的機率可說是少之又少，但是「不怕一萬，只怕萬一」，不幸事件一旦發生了，其後果之嚴重，怕是親子雙方永生都無法承受的深刻打擊。請您千萬不可在如此重大的事情上抱著僥倖的想法，更不可對寶寶的安全掉以輕心。

看牢心肝寶貝兒

如何才能正確地保護孩子的安全呢？以下是《教子有方》為家長們所整理出的十一項要點，請您在仔細讀完之後，不僅要時時銘記於心，還要澈底執行喔！

1.十二歲以下的兒童不論在任何情況之下，都不應該單獨留在家中。

2.如果孩子在不得已的考量下非要單獨在家不可，那麼他們必須能夠「六親不認」地堅持不開大門，尤其是不為陌生人開門。

3.同樣的道理，單獨在家的孩子也絕對不可接聽任何電話（以免洩露單獨在家的消息），家長們可完全關閉電話鈴聲，或是藉著電話答錄機的功能，規定寶寶要在聽到父母的聲音之後，才能接起電話。

4.孩子對於緊急求救電話（119）和各方親朋好友的聯絡方式，必須有某種程度的熟悉和把握。

5.十二歲以下的兒童，絕對不可在任何的情形下，單獨出入公共場所（例如超級市場、小公園或是郵局等）。

6.和寶寶事先約好，「萬一」「不小心」和父母走散了，他該何去何從，如何設法和父母碰面。

7.教會寶寶有關家中的住址、電話號碼，以及父母的手機或傳呼機號碼。

8.為寶寶解釋「壞人」、「拐小孩的人」、「綁票小孩的人」所代表的真實意義。有些孩子會天真的以為，這些壞事做絕的人必定是如大野狼和虎姑婆一般，面目猙獰、青面獠牙、頭上長角、讓人一見就想快點逃跑。家長們的任務即在於讓寶寶知道，笑容可掬、和藹可親、請他吃糖的人，很有可能就是一隻披著羊皮的大野狼，會在寶寶毫不設防的情形之下，做出傷害寶寶的壞事。

9.和寶寶「預演」一番有可能發生的「險象」，讓他有機會練習一下自衛和自救的本領（例如高聲尖叫「救命啊！」和飛快地拔腿就跑）。

10.如果寶寶單獨前往小朋友或是某位親戚的家中作客，您必須親自將寶寶送到門內，並且親自按鈴進入屋內去接出寶寶，千萬不可讓寶寶在巷口下車，自己走一小段路進去朋友的家，或是讓孩子單獨站在某家商店門口等待您來接他。

11.不論如何，隨時隨地都要弄清楚孩子身在何處，和什麼樣的人在一起，正在進行什麼樣的活動。

寶寶須知

以下我們繼續列出每一個孩子都必須擁有的自我保護重要常識，請您轉告寶寶：

1.不要和任何不認識的人說話。

2.不要讓任何人跟著你。假如有人步行或是開車跟著你，那麼你要想辦法離開那個人愈遠愈好。

3.絕對不可搭乘陌生人的便車，即使車上那位看來十分和善，但是從未見過面的阿姨告訴你：「媽媽生病進了醫院，她請我來接你去醫院看她。」也絕對不可上車。

4.絕對不可接受任何陌生人送給你的糖果和食物。不論看來多麼好吃，你的肚子多麼的餓，別忘了白雪公主吃了紅蘋果之後的下場，所以你絕對不可接受，更不可以放入口中。

5.不要讓任何人（即使是爸爸的好朋友、小強的媽媽或是保母，都包括在內）用手觸碰你內褲裡面的部位。同樣的，你也不可以去摸（即使有人要你摸也不可以）別人內褲裡面的部位。

6.當你緊張、害怕、覺得情況不對的時候，要勇敢地說：「不可以！」或是大聲尖叫喊救命。

7.不可以聽從別人說：「這是我們兩人的祕密，不可以讓任何人知道。」相反的，你要把所知道的每一項祕密，都告訴你的爸爸和媽媽。

種一棵植物吧！

能夠看著一個生命在眼前成長，會幫助寶寶領會到大自然中生生不息的盎然生意，並且學會耐心的等待和責任感。每一個孩子都喜歡親手種下一粒種子之後，看著它發芽、生長、開花、甚至於結果。親愛的家長們，願意挽起衣袖，伸出您的「綠手指」，帶著寶寶種一棵植物嗎？

您可以用一個底部有小洞的容器（花盆或是打了洞的小紙杯皆可），放一些有機土壤，在土壤約一公分深度的地方，埋一粒橘子、葡萄柚或是檸檬的種子，每天按時澆水，耐心等待種子的萌芽。

除此之外，還記得種豆芽的方式嗎？在一個透明的玻璃瓶中放入一些潮濕的紙巾，再放入一顆豆子（紅豆、綠豆、黃豆、蠶豆都可），然後每天耐心地澆水和等待，一個新生命就將在眼前誕生啦！

　　這是一項十分有意義的親子活動，我們大力推薦，請家長們千萬不可錯過。

提醒您 ！

❖ 仔細「觀察」寶寶，瞧瞧他的長處，也瞧瞧他的短處。

❖ 要快快找出寶寶撒謊的原因。

❖ 千萬小心，務必將寶寶的人身安全維護得「滴水不漏」。

迴　響

親愛的《教子有方》：

下定決心提筆寫這封信，目的是要讓您知道，我認為《教子有方》這份刊物實在是辦得太棒了！

不只一次，我為了孩子的行為憂心不已，沒想到《教子有方》居然能夠立即就帶來了即時雨般的答案和鼓勵。

您的大作真是太神奇了！

謝謝您。

湯維琪
美國華盛頓州

第十一個月

名師出高徒——二之一

　　親愛的家長們，身為寶寶的啟蒙師，以及未來一生良師益友的您，是否曾經百思不解，為什麼有些事物，寶寶可以聰慧靈巧地一點就通，而對於某些事物，卻是無論如何也弄不明白、學不會？

　　同樣的，您是否也已經注意到了，寶寶會選擇性地專注沈迷於某些特定的活動之中，在他沒有主動停止之前，外人很難打斷他正在進行中的「重要工作」。而對於某些其他的活動，寶寶卻是怎麼也提不起興趣來，即使是您百般討好、設計吸引寶寶的注意力，他也多半是虎頭蛇尾地隨便應付一下、敷衍一下，很快地草草了事，逃離現場。

　　如何才能幫助寶寶把握住生命中每一次的學習機會，讓他能夠博學多文地涉獵各式不同的知識呢？不論是在教室之中，還是在日常生活之中，您又該如何才能培養寶寶隨時隨地主動學習，並且吸取知識菁華的好習慣呢？

黃金定律

　　所有的兒童教育學專家們一致公認最佳的學習公式如下：

成功的學習＝興趣＋本身的能力＋所學項目的難易

　　唯有當興趣、孩子目前具有的能力與所學科目的難易程度，三者之間能夠互相協調與配合的情形之下，成功的學習才會發生。

　　換句話說，假設孩子的興趣很高，但是本身的能力無法應付所學科目的難度（例如五歲的寶寶想學騎摩托車），那麼這種學

習是注定非得失敗不可了。同樣的，如果孩子的能力和所學的項目可以完全吻合（例如三歲的孩子自己拿著小茶杯喝牛奶），但是孩子本身對於此事毫無意願（這個孩子可能堅持仍要用奶瓶喝牛奶），那麼這項學習必然也無法發生。

當家長們有了這一層重要的認知之後，即可躋身於「名師」之列，開始調教您的「愛徒」啦！除此而外，我們將在本文中為您逐一討論身為「名師」所必須具有的各種高招，幫助您精心設計各式寶寶有興趣的學習項目，合理搭配孩子現有的能力，一步一步將您的「愛徒」塑造成一名「高徒」。親愛的家長們，您準備好了嗎？

萬事起頭「易」

對於成長中的孩子來說，任何一項學習如果只是稍稍有些挑戰、只需要稍微動動腦筋、動動手或動動腳即可學會，那麼這項活動絕對會比一項十分困難、令孩子百思不解、百試不得其門而入的項目，要來得輕鬆愉快，並且引人入勝。因此，孩子在嚐到了初學者成功的甜頭之後，將會主動爭取更多、更難的挑戰，而在不知不覺中邁進了更深一層的學習境界。

也就是說，對於寶寶而言，過分困難的學習，只會讓他感到茫然不知所措和深深的挫折。

因此，要能帶領孩子一步一步更上一層樓，您首先要仔細觀察並且估量孩子的能力所在（例如寶寶現在數數兒可以從一數到十），然後再教導孩子進行難度稍微高一些的活動（現在您可以試著教寶寶從十一數到二十），讓寶寶聚精會神地去「完成」，但又不會被難倒，這麼一來，寶寶即會學得既開心又有成效。

溫故方能知新

如果一項新的技能（如1＋1＝2），其中有某些部分是寶寶

早已駕輕就熟的本領（例如從1數到10），那麼寶寶也就能很快地進入狀況，開始學習。相反的，假如這項新知的內容，對於寶寶而言是完全的陌生（如英文二十六個字母），那麼他學起來也必定會比較吃力，有時還會因為十分的痛苦，而對於這項科目喪失了興趣。

因此，家長請務必要記得，從已知的基礎上發展新知，是最為穩紮穩打的好辦法！

活的知識容易學

這個道理非常簡單，人人都懂也都知道，但是許多家長們卻常在教導寶寶的時候，忘了這項重要的原則。

《教子有方》願意在此重新提醒家長們，當知識的本身以生活化的面目呈現出來時（例如：「媽媽有一個蘋果，寶寶有一個蘋果，兩人加起來，總共有多少個蘋果呀？」），任誰都會學得興高采烈，有趣帶勁。因此，與其正經八百地拿著紙筆和戒尺嚴肅地為寶寶從「開章明義」開始說起（例如：「寶寶坐好，現在看著這個方程式，1加1等於2，來，跟爸爸說一遍，1加1等於2。」），還不如在生活中，吃飯的時候、穿衣的時候、買東西的時候，把握每一個學習的機會（例如：「瞧！左腳穿一隻襪子、右腳穿一隻襪子，寶

寶總共穿了幾隻襪子啊？」、「答對了，兩隻襪子正好湊成一雙！」），以鮮活生動的知識，來餵養寶寶如饑若渴、龐大的求知慾。

實物比文字有效

　　對於四、五歲的孩子而言，實物所造成的印象，仍然要比書本中的文字或圖片所留下的效果，要深刻許多，強烈許多。

　　譬如說，您可以利用書本中一張橘子的相片來告訴寶寶：「這是一個橘子，我們稱這種顏色爲橘紅色！」您也可以給寶寶一個眞正的橘子，讓寶寶任意地摸一摸、聞一聞、剝開來吃幾口……，然後再告訴寶寶：「這下子你知道什麼是橘子了嗎？還記得橘子皮的顏色嗎？來，我們一起來找一找家中還有沒有這種橘紅色的東西。」《教子有方》向您保證，第二種方法的教學效果，絕對會比第一種方法來得好！

　　因此，下一次當您再度陷入說了半天，比了半天，搜索枯腸、絞盡腦汁卻還是無法讓寶寶聽懂的時候（例如牛和羊的不同之處），請您別忘了要善加利用實物說明（您可帶寶寶去動物園玩一趟，讓寶寶親眼看看什麼是牛，什麼是羊，不同之處又是如何）這一招喔！

接受容易表達難

　　不光只是孩子，成人也一樣，很多時候，我們雖然已經學會，也已經懂得了一件事情的前因後果，但卻是怎麼樣都無法將之付諸於言語，有條有理地解釋清楚。

　　根據這層道理，在寶寶的學習過程中，他將是先學會吸收新知，再學會表達新知（例如寶寶必然是先學會認得一個字，然後才能學會將這個字寫出來），親愛的家長們，當您在爲寶寶設計教學進度時，請留心，不要錯亂了寶寶的學習次序喔！

先求大致，再求精細

　　在四肢體能方面的學習，屬於大肌肉所負責的活動（gross

motor abilities），永遠會比小肌肉所職司的技巧（fine motor skills）要來得容易。

　　因此，家長們在為寶寶安排體能教學的時候，請別忘了把握住這個大原則，一步一步的來，先教會了大的動作（例如游泳、溜冰和騎腳踏車），再要求技巧的純熟與優雅（例如游泳時姿勢的標準，溜冰時手足眼神的細緻表現，以及騎腳踏車時雙手控制煞車及車鈴時的靈巧敏捷），免得錯設了期望值，令大人和小孩都大失所望，陷於挫折及失敗之中，最後以不歡而散來收場。

手比工具好用

　　還記得嗎？您的寶寶是先學會用手抓食物放進自己的嘴裡，然後才學會用湯匙、叉子和筷子來吃飯。同樣的，寶寶也是先學會用手指頭沾水（或顏料）來畫圖，然後才學會使用蠟筆、鋼筆和水彩筆等作畫的工具。再舉一個例子，您的寶寶是否也是先學會用手撕紙，然後才慢慢地學會用剪刀剪紙呢？

　　在學會使用任何一件生活中的工具之前（例如餐具、剪刀、鉛筆、牙刷、衛生紙和玩沙用的鏟子等），寶寶早已懂得了雙手萬能的道理，憑著一雙幾乎無所不能的小手，寶寶已能大致通行無阻地完成他心中的每一個意念。因此，要改換跑道，學習「文明的」生活方式，以手來使用工具，寶寶需要大量的練習才能習慣，也才能達到得心應手、爐火純青的地步。

　　舉例來說，當寶寶第一次學習使用剪刀的時候，他必須先學會用一隻小手將剪刀穩穩地握住，然後他要能夠平順地協調剪刀口開與合之間的規律，再然後才能在一張紙上慢慢地練習剪一條直線、一個圓圈兒、一排鋸齒或是一朵有五個花瓣的花。

　　親愛的家長們，在教導寶寶善用生活工具的過程中，可別忘了要隨時為您自己添加足夠的耐心、愛心和毅力，鍥而不捨，一遍一遍再一遍地教導寶寶，給予寶寶充分的練習機會，直到寶寶

的學習大致上了軌道，方可「收工」喔！

壓力是學習的大敵

　　您是否也和許多人一樣，一有了壓力，就會無法自己地開始哭泣、心跳加速、眼冒金星、手腳冰涼、全身冷汗直流、大腦無法思考？在這種情形之下，有些人會緊張得連自己的名字都忘了，更別提還要能用心學習這碼子事了。

　　任何形式的學習，在輕鬆自然的狀態之中，都會比較容易進行。當處於家長們所能夠成功地營造出最最優良的學習環境之中的，成長中的孩子可以清楚地感受到父母們對他全然的接受與了解，尊重他的決定，並且大方地容許他以自己的方式和自己的腳步，來展開學習的路程。

　　相反的，如果寶寶心中所感受到的，是您正強烈地期待著他的表現能夠符合您所設定的標準，一旦稍有差錯，您必會大為失望，甚至還會對他採取嚴厲的懲罰，那麼學習對於此時的寶寶而言，必然會成為一件十分困難的苦差事了。寶寶的緊張和焦慮會令他分心，干擾他的學習，更嚴重的後果是，寶寶會就此放棄自我的評價，而完全依賴著父母的喜怒哀樂，來肯定自己或是否定自己。萌芽中寶貴的自我意識和自信心，也將因此而一落千丈，滑入谷底。

　　親愛的家長們，試試看您能不能在教導寶寶的時候，儘量以「領航員」、「啦啦隊長」或是「合夥人」的姿態出現在寶寶的面前？試試看您是否也能努力破除心中要求寶寶只許成功不許失敗、好還要更好、努力還要再努力、求好心切十分嚴重的心態，而能不讓寶寶看出絲毫的端倪，不會感受到一丁點的壓力？

　　別忘了，要抱著客觀的心態來評估寶寶的學習，要有耐心，要懂得適時的鼓勵和得體的讚美，心平氣和地調教您的「愛徒」。我們將在下個月繼續為您介紹「良師祕笈」其餘的部分，

在「愛徒」未成「高徒」之前，請您千萬要卯足全力，不可中途放棄，以免功虧一簣喔！

 ## 細說從前

　　隨著寶寶一天天的長大，他對於時間的觀念也愈來愈清楚。您即將五歲的寶寶已經懂得時間在生活中所扮演的角色有多麼的重要，他也已經信服於時間掌管芸芸眾生的偉大能力。

　　早從寶寶大約二、三歲的時候開始，他即會「認命」地在每一天的時間中，規律地起居作息。他會早早地起床、吃早餐、去小公園玩一圈……睡午覺、吃點心……洗澡、睡前聽故事、熄燈睡覺，他也能很正確地預期爸爸媽媽白天出門、晚上天黑了回家等日復一日不停發生的種種大事。

　　等到寶寶稍微長大一些、懂事一些之後，他會漸漸地開始在腦海中整理出發生在一整個星期之中的各種生活次序。寶寶不僅記得了媽媽星期天早晨去買菜、爸爸星期三上晚班、賣冰淇淋的小販星期五下午會經過家門口……等隨著時間而發生的事件，他也學會了昨天、今天和明天的差別。從一個三歲多的幼兒口中，我們可以經常聽到類似於：「昨天是星期五，我吃了冰淇淋。」、「明天是星期天，我要和媽媽去買菜！」、「今天？喔，今天是星期六嘛！」的話語。

　　五歲多的寶寶對於在每一年之中所固定發生的假日節慶，也開始有了具體的概念，他已稍稍明白端午節、中秋節和農曆新年，今年過完了，要等到明年才能再過的道理。

　　親愛的家長們，您知道即將五歲的寶寶對於這些隨著時鐘和日曆，以不同的頻率，周而復始不斷發生的各種事件，是抱持著什麼樣的想法呢？

美好時光不錯過

　　五歲的寶寶非常懂得享受人生。他會熱切地期待，並且盡情地參與並投入每一項活動之中。任何一項：「時間到了，讓我們來……」的活動，寶寶都會興奮不已地全力配合，從包粽子、搓湯圓、吃月餅、包水餃、過生日吹蠟燭，到星期天吃館子、明天早上去公園玩，每一項都是寶寶樂而不疲的重要事件。

回想從前費疑猜

　　五歲的寶寶會清楚地記得，昨天晚上媽媽穿了一雙大紅色的高跟鞋，上個星期去強強家玩電動火車，去年聖誕節媽媽烤火雞等各式各樣的重點，但是他卻仍然無法在腦海中，將這一大堆重要的記憶，根據所發生時間的先後順序，逐一整齊正確地排列起來。也就是說，昨天才剛發生的事對於寶寶而言，可能會比去年夏天那一趟難忘的海灘之旅還要遙遠，而一個月之前他和奶奶一起搭乘捷運時的快樂經驗，也可能彷彿就像早上才發生過一般。總而言之，五歲的寶寶對於時間先後與長短的歸納，可以稱得上是十分的錯亂。可想而知，五歲的寶寶對於社交生活中輩分的關係也仍然是十分的「弄不明白」。

輩分族譜最難懂

　　舉例來說，在大部分五歲兒童的心目中，爸爸就是爸爸、媽媽就是媽媽、爺爺就是爺爺、外婆就是外婆，清楚明朗，毫無爪葛。寶寶小小的腦子很難想像出，為什麼爺爺會是爸爸的爸爸，而媽媽又會是外婆的女兒？

　　更加離譜的是，外婆也是太外婆的女兒！「天哪！外婆這麼老，她怎麼可能是某人的小女兒呢？」

　　儘管如此，半懂不懂的寶寶非常喜歡豎起耳朵專心地聽爸爸

說：「還記得我像寶寶這麼大的時候，有一次偷偷到河裡去游泳，回家後被阿媽痛打了一頓！」知道嗎？這簡單的幾句話對於寶寶而言，簡直是太奇妙了，爸爸變成一個在河裡游泳的小男孩，爸爸還被他的媽媽痛打一頓！這事是如何發生的呢？

更有趣的是，當爺爺打開話匣子，開始「想當年」的時候，寶寶心中的好奇心將會被勾到極高點，雖然仍有許多弄不明白的部分（例如拄著枴杖走路的爺爺，居然曾經是賽跑健將），但是他還是會忍不住地要繼續聽下去。

寶寶也十分喜歡爸爸或媽媽以親暱的口吻，為他敘述有關於他自己的過去種種（例如：「當你剛從醫院抱回家來的那一天，大哭大鬧整晚都不肯睡覺。」或是「你小的時候最喜歡吃蒸蛋！」）。

雖然五歲的寶寶仍然會將事情發生的先後順序顛三倒四地胡亂排列，但是諸如此類有如「天方夜譚」一般「憶兒時」的「神話故事」，絕對是寶寶百聽不厭的好話題！

指引迷津

針對五歲寶寶「亂七八糟」的時間順序，家長們該如何為他指點迷津，早日將「時間」整理出一些頭緒呢？

有一個很好的方式，那就是找些時間，帶著寶寶一起翻翻過去的舊照片。寶寶小時候、爸爸媽媽小時候、還有阿公阿媽小時候的相片，您都可以翻出來給寶寶看，您還可以為他解說相片中的人物和時空背景，讓「天方夜譚」中的角色（例如跳進河裡游泳的爸爸），藉著相片中的形影，活生生地浮現在寶寶的腦中。

時間牆

此外，《教子有方》還大力推薦家長們能夠在家中的某一片牆壁上，為寶寶製作一個簡單的族譜。

這件工程一點也不麻煩，找一些具有時間意義的相片（例如爸爸媽媽小的時候和祖父祖母，甚至於和曾祖父母所拍攝的全家福，爸爸媽媽的結婚照，媽媽大肚子懷著寶寶時的相片，寶寶出生時和其他兄弟姊妹小時候的相片），按照順序依次掛在同一片牆壁上，讓寶寶可以一目瞭然地自由穿梭於

時光隧道之中，也可以隨時指著一張牆上的相片，聽聽大人們的「想當年」。

一面記載著家庭歷史的時間牆，除了能夠幫助寶寶早日發展出正確的時間觀念，還是一個能夠讓他認識自己的好方法。

親愛的家長們，何不與自己訂下一個約定，現在就開始動手為寶寶興建一面「時間牆」？

寶寶的怪癖

有許多幼小的兒童們，會不知為什麼原因，也不知從何時開始起，不知不覺之中，養成了各式各樣的怪毛病。舉凡啃指甲、揪頭髮、挖鼻孔、吃手指等，都是許多孩子在心情不好或者有壓力的時候，不自覺就會做出來的舉動。

這些行為會令家長們又氣又煩（尤其是發生在公共場合的時候），繼而惱羞成怒地狠狠修理寶寶一頓。但是往往家長們會更加抓狂地發現，被修理過的寶寶不但沒有因為得到教訓而有所改善，那些「上不得枱面」的幼稚行為，反而會變本加厲，更加頻繁地出現在寶寶的身上。

以下讓我們來逐一爲您探討這些壞習慣的來龍去脈。

啃指甲

啃指甲在上文所列的壞習慣中名列前茅，根據統計，每三個人裡就有一人在五到十五歲的這段年齡中，或多或少會養成「啃指甲」的怪癖。嚴重的時候，啃指甲的問題還會持續到成人之後。

研究結果也發現，啃指甲是青少年們用來發洩情緒和減輕壓力最常使用的方法之一，而在大學生之中，也仍有大約四分之一的人會繼續啃指甲。

根據統計，大約有將近四千萬的美國人，擁有啃指甲這件見不得人且容易造成手指紅腫出血的壞習慣。

揪頭髮

揪頭髮的壞習慣通常源自於生命的早期，是小嬰兒和幼小的兒童用以自我安慰的一種方法。一般說來，揪頭髮的孩子並不自知他自己會揪自己的頭髮，久而久之，這種行爲不僅會轉變成拔頭髮，還會導致頭髮脫落，或是東一塊、西一塊，如同癩痢頭般難看的禿頂。

有些擁有揪頭髮怪癖的孩子，甚至於還需要戴著帽子或是假髮才能去上學，以避免小朋友的嘲笑戲弄。

可想而知，寶寶這項壞毛病會帶給家長們多麼深切的心疼、多麼強烈的恥辱，和多麼巨大的困擾。

挖鼻孔

一個幼小的孩子會因爲不懂得如何擤鼻涕，而開始用手指頭挖鼻孔，也因而會演變成上了癮般的一挖不可收拾。有些孩子甚至還會不時挖得流鼻血，或造成細菌感染。

對於父母而言，一個在公共場合中公然不在乎地挖起鼻孔來的孩子，實在是非常的丟人現眼，令父母顏面掃地。除了看來噁心不衛生之外，還有可能在原本漂亮的小臉蛋上挖出兩個朝天的大鼻孔，著實令父母們不得不為之感到氣結。

吃手指

這是每一個人在生命的早期都會產生，完全發乎自然，並且非常正常的反射動作，我們通常稱之為「吸吮」。對於一個襁褓中的嬰孩來說，吸吮不僅沒有任何的害處，還會帶來許多安全、滿足、愉快和幸福的感受。

然而，如果吸吮的行為沒有隨著年歲的增長而自動消失，一直延續到四歲之後，那麼就會演變為一種「不倫不類」、十分不雅的壞習慣。嚴重的時候，還會因為手指頭長期推擠恆齒，而導致咬合不正的問題，不僅影響了孩子的「門面」，也會妨礙飲食健康及語言的發展。當然，吃手指的頻率愈高、時間愈長、力道愈大，所造成的不良後果也會愈加難以矯正和治療。

所為何來？

許多家長們都會因為孩子偏愛上述所列，或是其他各種千奇百怪的壞毛病而困擾不已，並且迫切地渴望能夠澈底中止此一惡習，更是經常反覆捫心自問：「寶寶為什麼會有此怪癖呢？」

以下是《教子有方》為讀者們所整理出的「寶寶怪癖面面觀」，供家長們在尋求對策之前，先正確地找出問題的核心：

• 孩子們的怪癖之所以會發生，多半是因為他們要藉著這種方式，來尋求自我的安慰與滿足。當孩子們的怪癖正在發作時，他們的內心的確會感受到短暫的輕鬆和愉快。然而，有些時候這些怪癖也會一發不可收拾地，演變為幼兒在不自知的時候也會發生的「毛病」。有些孩子甚至於還會對於這些「毛病」產生癮

頭,當他不能進行這項「毛病」時,他會渾身上下都不對勁。

• 幼兒們的怪癖通常會發生在他們比較緊張和有壓力的時候,但是並不是每一個擁有怪癖的孩子,都是屬於神經質和敏感的類型。也就是說,一個平時樂觀開朗、獨立有自信的孩子,也有可能會在遇見陌生人的時候,即不自覺地開始拚命眨眼睛,陌生人的人數愈多,他的眼睛就會眨得愈頻繁和愈用力。

• 這是很重要的一點,一個孩子的壞毛病或怪癖,並不代表這個孩子即具有某種程度的心靈傷害或情感不平衡。事實上,這些「怪招怪式」正是孩子藉以平衡情感、疏解壓力的表現。

許多家長們所習慣於使用「立竿見影」的「阻扼」手段(例如將辣椒塗在寶寶愛啃的手指頭上,強迫為寶寶戴上厚厚的手套使他無法咬指甲……等),通常都只會產生暫時的效果,時間一久,若不是會「彈性疲乏」失去功效,就是更加添增寶寶心中的壓力,導致他的怪癖變本加厲地「大大發作」起來。

除此之外,嘮嘮叨叨的提醒、聲色俱厲的威脅和嚴重的懲罰,也都會發生單次短暫的效果,但是孩子所承受到的壓力也會隨之而高漲,反而成為怪癖再一次發作的導火線。

破除怪癖好身手

在家長們對於寶寶的各種壞毛病有了上述的了解之後,現在我們可以一同深入地來探討中止怪癖的有效方法,幫助家長們成功地消除問題的癥結,一勞永逸地杜絕寶寶的壞習慣。

請勿以管窺天

敬請家長們不要因「小」失「大」,整天從早到晚如哨兵般盯著、等著寶寶的怪癖,只要寶寶的壞習慣稍微現身,就以迅雷不及掩耳的速度大加撻伐,不僅弄得大人和孩子雙方隨時隨地處於神經緊繃的邊緣,同時也完全忽略了孩子整個人身心的發展和表現。

　　建議家長們要養成習慣，放下您手中的「怪癖放大鏡」，好好瞧瞧心愛的寶寶，看看他清亮明澈的雙眸，聽聽他天真無邪的笑聲，欣賞他花了一整個上午的時間用積木搭出來的得意大作，和他一起談天說地閒話家常，然後再回頭想想，寶寶的怪癖在生活中所占的比例到底有多少。

　　正確的心理建設可以幫助父母們不高估對手的實力，但也絕不輕敵，親愛的家長們，您可要以適當的尺度來對付寶寶的怪癖喔！

長期抗戰

　　家長們也必須常常記住，任何一種壞習慣，不論是大人還是小孩，都不可能如同變魔術般地可以一次澈底根絕，永不再犯。所謂的「劣根性難改」、「狗改不了吃屎」，正十分傳神地道出了其中的真諦。

　　因此，請您千萬不可心存：「我要一次將寶寶治好」的想法，而採取一些十分激烈和極端的手段來對付「寶寶」。別忘了，您目前的敵人是寶寶的怪癖，而不是寶寶，而寶寶的怪癖則是很難一次即可斬草除根的。

親子要同心

　　對付寶寶怪癖最佳的人選，應該是寶寶自己，而不是寶寶的父母或親人。

　　也就是說，如果寶寶主動地願意脫離他的怪癖，親自出馬抗爭到底，那麼怪癖不再出現的日子自是指日可待。相反的，如果單憑著父母的意願孤軍奮戰，那麼怪癖多半會陰魂不散地繼續糾纏寶寶。

　　很多曾經患有怪癖的孩子們會在入學之後，因為同學和朋友們嘲笑的眼光和指指點點的舉動，而主動地想要戒除自己的怪癖。很簡單，不想與眾不同成為別人話柄的寶寶，會在「輿論」的壓力之下，自然地萌生與怪癖說拜拜的念頭。

　　一旦寶寶決心放棄自己的怪癖，願意主動與家長們配合，那麼家長們即可「大顯身手」，全力展開破除怪癖的行動。

智取寶寶怪癖

　　只要家長們稍稍花一些心思，必然不難發現，其實大多數的怪癖並不是那麼的難以對付。

　　假設您的孩子因為怕黑，而總是會在熄燈之後躲在被窩裡面揪頭髮，那麼一盞徹夜不熄的小燈，應當即可解決寶寶的怪癖。同樣的，因為流鼻水鼻塞而經常會不自覺地挖鼻孔的孩子，一旦學會了利用衛生紙擤鼻子清除鼻涕，那麼家長們只要確定寶寶隨身攜帶足夠的衛生紙，即可成功地幫助寶寶擺脫挖鼻子的怪癖了。

　　比較需要家長們小心應付的，是那些因為緊張焦慮和壓力所引起的怪癖。一般說來，「心病還需心藥醫」，「解鈴還需繫鈴人」，家長們應該放棄修理寶寶的念頭，轉而全心全意地努力找出問題的癥結，方能有效地中止寶寶的怪癖。

　　比方說，如果寶寶總是在看電視的時候，會知不覺、忍不住地用力吸手指，那麼身為家長的您就必須仔細過濾每一個電視節目，務必找出令寶寶不安的情節、畫面或是人物，然後再對症下藥地為寶寶解說和討論，預防這些導火線繼續引爆寶寶的怪癖。

　　不論如何，家長們請務必記得，千萬不可因為寶寶的怪癖而自責。我們願意引用美國大文豪馬克・吐溫（Mark Twin）所言：「習慣就是習慣，你無法將習慣從窗口扔出去，但是你卻一定可以巧言誘哄，將習慣從樓梯依次下一階地請出去！」

　　親愛的家長們，讀完了本文之後，您現在懂得該如何面對孩子的怪癖了嗎？在諄諄善誘引導寶寶「改邪歸正」的過程中，想必您已能心平氣和、耐心地帶領寶寶成功地拋棄積習，改頭換面，重新做人！《教子有方》在此先為您和寶寶喝采道喜。

媽媽您愛我嗎？您最愛我嗎？

　　每一位家有兩名（或兩名以上）子女的父母，對於這一個古今中外廣為流傳的經典問題，想必聽來並不覺得陌生。

　　成長中的孩子會以各種不同的方式來問這一個問題，例如：「媽媽您比較喜歡我嗎？比喜歡哥哥還多嗎？」或是「爸爸您最喜歡的孩子是誰？是不是我？」或是「媽媽您愛我嗎？全世界您是不是只愛我一個人？」

　　在某些特殊的情形之下，孩子們會將這個原本惹人愛憐的問題轉變為質問、控訴和攻擊。例如：「每次都是我不對，您一點都不喜歡我，您只喜歡呆呆！」、「為什麼您每次都光罵我，從來不會罵妹妹？」、「您每天都想陪著哥哥，從來不理我，您根本一點都不喜歡我」和「不公平，每次您連問也沒問就說是我錯了，您從來不說小強錯，您最喜歡的人是小強！」

　　親愛的家長們，您也有過上述類似的經驗嗎？當您面臨著稚齡寶寶如此「酸溜溜」的挑釁時，您的反應是努力維護自己身為長輩的立場與顏面，和寶寶硬碰硬正面衝突？還是您會不由自主地為自己辯護，費盡心思向寶寶解釋與證明您的清白與無辜？

　　有的家長們會雙管齊下，以高高在上不容置疑的姿態來回應孩子的吶喊。例如：「寶寶，不許你胡說八道，我對你們每一個孩子都是公平的。」、「我愛你，我也愛姊姊，對你們兩人的愛完全一樣多，以後不准你再用這種口氣和我說話！」或是「明明就是你不對，現在不但不肯認錯，還要惱羞成怒說媽媽偏心！媽媽看得很清楚，絕對不是我偏心！」

　　然而，如此強硬的回應不但不能解決問題，更加不能為寶寶帶來絲毫他所企求的安慰。唯一所造成的結果，是寶寶心中更加強烈地感受到被父母的否定和排斥，以及他自己實在是個沒有用

的廢物的負面情緒。

親愛的家長們，您是否聽得出來，在寶寶小心詢問和大聲抗議的語氣中，其實正明白地顯露著他小小心靈中深沉的苦楚，以及一種因為第三者（多半是其他的兄弟姊妹），而被父母打入冷宮的不好受？

您該如何才能掏心挖肺地讓寶寶明白，您對每一個孩子所付出的愛都是一樣多？您又如何才能停止寶寶的自艾自怨，改變他的想法，令他重新看到您對他的愛？假如您真的曾在無意之間因為厚此薄彼而傷了寶寶的心，您又該如何才能為寶寶療傷止痛、彌補虧欠呢？

請聽聽《教子有方》由兒童心理學家與小兒科醫師們所組成的作者群為您所提出的意見：

用心聽

首先，您必須先學會做一名懂得如何用心聽的家長。

想想看，從寶寶的話語中，您所接收到的訊息到底是什麼？一位失敗的聽眾所聽到的是「寶寶怎麼這麼無聊，問這些沒有意義的問題？」和寶寶的忤逆不孝、沒大沒小、沒有禮貌、頂撞長輩、惹人生氣！

相反的，一位「耳朵很聰明」的家長，應該一聽就明白，寶寶真正想說的是「您給我的關心和注意力我覺得不夠」、「我覺得妹妹（或是其他的兄弟姊妹）正取代了我在您心目中的地位！」、「我覺得我被您拋棄了，我很孤單」、「我還太小，不能自己一個人面對一切，我需要您的陪伴。」

更加「高段」一點的家長們，除了懂得如何「放過」孩子的聲調、語氣和態度，專注於孩子的心意，他們還善於運用「開放式」的問題，主動出擊，讓孩子將心事和盤托出。

簡單來說，開放式的問題不是是非題，也不是選擇題，而是

問答題，寶寶必須使用自己的想法作為答案的主要構架，方能回答得出來。例如：「寶寶來，告訴爸爸，你剛才和弟弟為什麼吵架啊？」、「寶寶可不可以告訴媽媽，剛才我洗碗的時候，這兒發生了什麼事？為什麼花盆打翻了，泥土灑得滿地都是？」或者「如果你是媽媽，你會怎麼做？」

如此一來，家長們除了能聽到寶寶想說的話，還可以更進一步地聽到寶寶原本並不想吐露的心聲，真正地洞悉孩子小小的心眼裡所裝載的各種心事。

轉換台詞

其次，家長們必須放棄與孩子對立的立場，從孩子的出發點將所「聽」到的訊息，以理智和平的方式，將寶寶的心事不帶有任何的情緒也不經任何的偽裝，平舖直述地重說一次。

雖然此時您可能正為了寶寶「大逆不孝」的態度而怒火中燒，但是請您務必要「大人不記小人過」，放下自己的身段，讓寶寶明白您聽到了、也聽懂了他的心意。別忘了，您此時的任務是要幫助您心愛的孩子，而不是與找上門的仇家對決喔！

因此，對於寶寶的問題，您的反應應該是「換湯不換料」地以另外一種方式重述一遍：「寶寶你現在很生氣對不對？媽媽忙了一個上午都在陪姊姊做功課準備考試，都沒有陪你玩！」、「喔！我知道了，你覺得弟弟一直哭很煩人，所以你就打了他一下，是嗎？」和「寶寶你覺得爸爸一下班回來總是抱著小寶，所以爸爸現在比較喜歡小寶比較不喜歡你，是不是啊？」

至於那些長篇大論「不許這樣……」「不可那樣……」的大道理和訓誨，請您先暫時束之高閣，以後再說吧！

用心答

接下來，家長們便可以開始針對問題的癥結，認真努力地來

開導寶寶「易感」和「受委屈」的心，我們建議家長們先從以下所列的三種答案中選擇一種，來回答寶寶的問題：

1.「我喜歡我的每一個孩子，我喜歡你，因為你是我的寶寶，我也喜歡大寶，因為他是大寶！大寶十歲，所以我要用對待十歲孩子的方式來愛他，小寶一歲，所以我用對待一歲小嬰兒的方式來愛他，寶寶你五歲，所以媽媽要用疼愛五歲孩子的方式來愛你。這下子你明白了嗎？」

2.「寶寶小的時候，媽媽也是像現在抱小寶一樣，整天抱在懷中對著你的『小』臉親了又親，現在，你還想我這麼抱著你走來走去嗎？媽媽現在還是可以用力親親你的『大』臉！」

3.「當然囉，媽媽愛每一個孩子，每一個都不一樣，每一個都是這麼特別、這麼可愛，對不對？寶寶想想看，大寶有大大的眼睛，小寶有深深的酒窩，寶寶你有漂亮的眉毛，你們每一個孩子都是媽媽的心肝寶貝！」

付諸行動

緊接著下來，家長們必須儘快將您的答案，以實際的行動表現出來，讓寶寶真真實實地感受到您口中所說出的愛。千萬不可光說不練，喪失了對寶寶的誠信，再一次重重地傷了寶寶的心。

您該做些什麼呢？很簡單，想辦法提供寶寶一些質量並重的關愛，緊緊地摟住他，狠狠地親親他，邀請他做您的小跟班、小幫手，讓他能如影隨形、寸步不離地跟在您的身旁。趁大寶練鋼琴的時候，為寶寶唸幾本故事書，趁小寶睡午覺的時候，和寶寶面對面地坐下來吃些點心聊聊天。不用太多的時間，只要十到十五分鐘左右，寶寶那顆受傷的心即會因為您的關注而得到慰藉，原本一落千丈的自信，也會因而重新攀升。很有可能，當您正將寶寶環抱在胸前，兩人一起坐在搖椅上，邊聽著寶寶喜歡聽的兒歌，邊數數窗外的朵朵白雲，帶著富於情感的口吻對寶寶

說：「我真的是太高興了，太幸福了，和你在一起真是太快樂了！」但轉眼卻吃驚地發現，您的「母愛告白」才剛剛說完，「不耐煩」的寶寶早已扭出您的懷中，一溜煙地跑得不見蹤影做他自己的事去了，只留下愕然不知所措的您，留在原位獨自一笑呢！

　　親愛的家長們，現在您懂得如何擺平家中孩子們彼此「爭風吃醋」的問題了嗎？

提醒您！

❖ 別忘了學習的公式，是興趣＋能力＋所學項目難易的完全契合。

❖ 快快搭建家中的「時間牆」。

❖ 要從容不迫，氣定神閒地對付寶寶的怪癖。

迴　響

親愛的《教子有方》：

　　我們從五年前小女剛出世時即訂閱了《教子有方》，最近竟然發現，除了報紙之外，從來沒有任何一份其他的刊物，能令我們如此忠實地定期仔細拜讀。

　　幾年下來，我們由淺入深地懂得了小女成長過程中的每一項重點，謝謝您幫助我們成功地孕育了我們唯一，也是最珍貴的財富！

彭先生和彭太太
美國喬治亞州

第十二個月

校園新鮮人

　　寶寶五歲了！讓我們在本文開始之前，首先祝福寶寶生日快樂！同時，我們也願意代替寶寶在此向親愛的家長們說一聲：「爸爸和媽媽，五年來，您們辛苦了！」

　　的確，回想起當年寶寶剛剛誕生時的種種情景，這麼長一段時間以來，您帶領著寶寶一步一腳印地，完成了一個又一個成長里程碑，其中所付出的心血和辛勞，點滴在心，絕非旁人所能體會於萬一！雖然未來要走的路途依然漫長，您肩上所負教養寶寶的擔子也依然存在，但是我們仍願意藉著寶寶過五歲生日的機會，邀請家長們為自己挑選一份禮物，犒賞一下自己優異的表現，稍事休息，養精蓄銳之後，再繼續與寶寶一同邁向下一個成長的新階段！

　　五歲生日在現代兒童的發展過程中，是一個極為重要的里程碑，除了代表早期的、屬於家庭的童年時光已告一個段落，更清楚地刻劃出，未來一段可能長達數十年的校園生活，也已經正式揭幕了。具體地說，五歲的寶寶正處於一個從家庭踏入學校的重要轉捩點，一切他在過去五年之內所發展出的身心、體能各方面成果，都將在近期之內正式啟動派上用場。這是一個好好省視寶寶成長與發展的重要時機，親愛的家長們，您準備好了嗎？現在就讓我們一同來仔細瞧瞧這位小小的校園新鮮人吧！

　　還記得《教子有方》系列叢書中一直所使用「標準寶寶」的定義嗎？以下我們所為您介紹「標準五歲寶寶」所有的特徵，代表著大多數（或是平均說來）五歲的孩子所具有的共同點，家長們不妨將這些大大小小的成長成績，都當成是平均值來看待，用以對照寶寶的生長。別忘了，寶寶在某些項目的表現會超出平均值，但在某些其他項目上的表現則會落後於平均值，這些都是您

所應預期的正常現象。

五歲的小朋友

從「大」寶寶晉升到「小」朋友，五歲的孩子們一般說來，過分善於模仿，並且擁有豐富的想像力。在清醒不睡覺也沒有生病的時刻，他似乎是連一分鐘的時間也無法安靜下來，永遠都是一位大忙人，有的時候還是一位製造出許多噪音的大忙人。

但是忙歸忙，當寶寶「突然」之間感到十分疲憊的時候，他會「放下一切立刻休息」，妙的是，彷彿才經過幾秒鐘的時間，寶寶又會突然地精力旺盛，像是上足了發條一般，繼續往他為自己所設定的「忙碌人生道路」上勇往直前，飛快奔馳。

整體的動作

五歲的寶寶已經擁有發展十分成熟，控制也十分靈活的大肌肉，因此，他好動得不得了，在公園裡，他像是一匹脫了韁繩的小馬般無拘無束地自由奔跑，他喜歡爬樓梯、吊單槓、雙手張開走在一條板凳上、騎他的小小腳踏車、游泳、幫媽媽搬東西、在超級市場幫忙推購物車，他也喜歡拍皮球和投籃球，愈是一些蹦蹦跳跳，看在大人眼中怵目驚心的活動（例如連滾帶爬地去接住一個飛盤），寶寶做來愈感興趣。知道嗎？這是因為經由這些自我挑戰的體能活動，寶寶可以更進一步地發展與鍛鍊全身上下的大肌肉啊！

除此之外，五歲寶寶整體所展現出的優雅、協調與速度，也都比一年之前進步了許多。跟隨著音樂的節拍，他能有模有樣地跳出一些簡單的舞步，他還會揮動手臂、扭腰擺臀和搖頭晃腦、自娛娛人地徜徉在樂聲之中。當然，五歲寶寶的舞步絕對是獨樹一格，並且是屬於自己的創作，大體說來，他還不太習慣跟著老師重複同樣的動作。

精確的舉止

五歲寶寶在小肌肉方面的進展，雖然不及大肌肉來得明顯，但是一年以來，也有了不少傲人的成果。

舉例來說，五歲寶寶目前用蠟筆所畫出來的造形、圖案與線條，全都要比一年之前成熟許多。因為有了較佳的手眼協調能力，他現在也比較會對準目標拋出一個球，接住一個快速滾動中的球，和用小槌子釘玩具木釘。除此之外，五歲的寶寶還很喜歡玩一些簡單的拼圖。

對於他所從事的每一項活動，寶寶開始會表現出十分強烈的得失心。他會在意自己的表現是否正確，是否精準（例如寶寶會緊緊盯著手中射出的彈珠，看看是否會進洞）。因為這般自我要求的驅動力，寶寶做起事來也大有耐心、恆心與毅力。

五歲的寶寶還有一項十分有趣的特色，那就是在進行上述這些活動的時候，他會特別喜歡，也特別渴望能有大人（當然最好是爸爸或媽媽囉！）在一旁陪著他，不必動手幫忙，只要默默地看著他，適時肯定他的努力，為他加油打氣，鼓勵喝采，那麼即便是他的「工程」失敗得一塌糊塗，寶寶還是會非常享受這一段和成人相處的寶貴時光。

與人溝通

寶寶過去曾經展現出語言方面的各種「不足」，在五歲之前大多已完全被克服了。也就是說，家長們近來應該已經很少再聽到寶寶如同過去一般，說出一些顛三倒四、不知所云或是引人爆笑的「怪言怪語」，相反的，五歲寶寶流暢的語言能力，有時候還會好到令人不得不豎起大拇指高聲讚好的地步。

擁有了如此成熟的語言能力，五歲的寶寶會用來提出大量的問題。他比較不常發表自己的高見，反而會一天到晚喋喋不休，

甚至於疲勞轟炸地東問西問。對於許多父母們而言，五歲寶寶的這項特點，經常令他們大呼吃不消。

寶寶所提出的問題內容，也是愈來愈能針對重點，不再像過去一般含混籠統。比方說，寶寶已不會再毫無重點地問：「這是什麼？」他現在的問題是：「這是什麼做的？用來幹什麼呢？該怎麼用呢？」而對於這些問題，寶寶只想聽簡單扼要和切入主題的答案，長篇大論鉅細靡遺的解說，很快就會令寶寶喪失繼續聽下去的興趣。

對於文字的認知，五歲寶寶多半還是會從自己的立場來定義每一個不同的字。例如「馬」的意思是「我可以騎在上面跑得很快的動物」，而「冰淇淋」則是「我最愛吃的、甜甜的、冰涼的東西」。

社交與情感

在社交與情感方面，五歲寶寶最大的長進，就是他對於時間和空間已具備了更加條理分明和更加成熟的了解。

想必您近來已能經常聽到寶寶清楚地描述他曾經去過的地方（例如：「修車廠有好多車，有些吊在天花板上，有些沒有輪子，還有好多工人，每個人都戴著一頂藍色的鴨舌帽……」）此外，他不但不會將事情的前後順序弄錯，反而還會特別加強說明時間和次序，以免聽他說話的人聽不清楚（例如：「昨天的昨天，媽媽帶我去巷口吃牛肉麵，好好吃，我吃了一大碗，媽媽說我們明天還可以再去吃一碗！」）唯一美中不足的，是五歲寶寶對於距離目前較為久遠的事件（不論是過去曾經發生過的，還是未來將會發生的），仍然無法將之完全正確地納入時間的格局之中。

至於學習，五歲的寶寶似乎對於那些可以和既有生活經驗與知識「搭上線」的部分，能夠學得最輕鬆，也最成功。凡是他可

以動手試試看（例如拼圖），失敗了可以再來的學習（例如搭積木），對於五歲的寶寶來說，也都比死板嚴肅的「上課」要來得有趣，學習起來也顯得更加帶勁，更加的有效。

在情感的控制方面，五歲的寶寶喜歡藉著「假裝」來宣洩心中的情緒，例如在寶寶自己打翻牛奶被媽媽吼了兩句之後，沒隔多久便會將他心愛的狗熊也狠狠地臭罵一頓：「太不乖了，太不小心了，把牛奶打翻在地上，弄得這麼髒，壞孩子！」

五歲的寶寶也愈來愈喜歡閱讀一些有關於真人真事的書籍（例如「醫生的一天」、「透視汽車」或是「從一粒麥子到一片麵包」等），以及現實生活中的有趣故事（例如：「爸爸今天左腳穿白襪子，右腳穿藍襪子去上班，居然自己都沒發現……」），因為在這些活生生的故事中，寶寶可以更加真切地領會到書中人物的心情，明白書中所述實際生活中的情節。對於過去那些令寶寶百聽不膩、深深著迷的神話故事和卡通故事，寶寶雖然還是喜歡，但已不如以往那麼的熱衷了。

五歲的寶寶也開始有了幽默的本領了！如果您對寶寶說一個令他捧腹大笑的笑話，或是做一個令他狂笑不已的滑稽鬼臉，那麼他會要求您不斷地為他再說一遍那個笑話，再做一次那個動作，引得自己樂不可支，開心到極點。有些寶寶甚至於還會舉一反三地變化出「寶寶版」的笑話和鬼臉，耍寶般不斷地將自己，也將您逗得呵呵大笑！親愛的家長們，想想看，您的寶寶是否近來也已露了兩手「搞笑」的本領呢？如果沒有也沒關係，您只要準備好一個笑話，很快就可試出寶寶笑功的段數了！

整體說來，與生活息息相關，最基本的生活能力（也就是吃喝拉撒睡）都已經難不倒五歲的寶寶了。不僅於此，他還會自己穿脫衣服鞋襪，簡單地照應自己的各種作息（例如疊衣服、收玩具和梳頭髮等）。藉著每日的生活，寶寶也會透露出他個人的喜好與風格（最喜歡的顏色、最不喜歡的水果、最心愛的玩具

等），令家長們不得不對寶寶「肅然起敬」！

五歲的寶寶也愈來愈喜歡參加一些發生在「家以外」的活動。說得明白一點，寶寶的心，近來是愈來愈「野」了，他愈來愈喜歡「見友忘父母」地和同年齡的朋友們混在一塊兒，在一群玩伴之中，寶寶也可能早已有了不只一位「最要好的朋友」。

從和玩伴們相處的經驗中，五歲的寶寶學會了分享、排隊、輪流和與人分工合作。當一群五歲的孩子「合夥辦事」的時候（例如兩「國」人馬玩騎馬打仗），他們也已能粗淺地表現一些默契、禮讓和團隊精神。

親愛的家長們，您看出來了嗎？五歲的寶寶已完全準備好，並且正迫切地想要「衝出家門」，踏入門外更加寬廣無垠的世界了！

學習進度表

（請在此表空格處打勾或是記下日期，以為寶寶五年以來的成長做個總整理。）

社交與情感

——獨立自主地穿脫衣服鞋襪。

——成功地使用一般的餐具（如湯匙、叉子和筷子）。

——自己洗手、洗臉，並且仔細地擦乾。

——挑選自己的玩伴。

——會主動保護幼小的玩伴和小動物。

——懂得一些簡單的遊戲規則，也明白「不可以賴皮」的規定。

——展現出一些幽默感。

——懂得整齊清潔的重要，但是仍然不時需要父母的提醒。

——嚐過害怕的滋味（例如一隻很凶的狗、爬在高處下不來、走在很多車輛的馬路上等）。

——挖鼻子、揪頭髮、咬指甲。

——睡前或是疲倦時會吸手指。

與人溝通

——說話說得極好，但是偶爾仍會將一些類似的語音弄混（如「四子」／柿子、沙「花」／沙發等）。

——說得出自己的全名、年齡、性別、生日、住址和電話號碼。

——根據功能來定義一個字（例如「水是用來洗澡的」）。

——對於不懂得的字會主動詢問字義，並且在不久之後開始使用這個新字。

——非常喜歡哼唱童謠。

——喜歡有人說故事或唸書給他聽，之後還會將故事的內容「表演出來」。

視力與精確的舉止

——可以將線穿入一個大大的針孔中，還可以真正地縫上幾針。

——能夠有樣學樣地在紙上畫出圓形、方形、十字，也能寫出一些簡單如人、口、大、小、山、中等的國字。

——可以自己畫出一棟房子，房子上還有門、窗、煙囪和屋頂。

——畫一個有頭、有手、有腳也有身體的人形。

——先說出自己要畫的物體，再正確地畫出來。

——小手在拿紙、筆和梳子時，都已掌控得滿不錯的。

——用蠟筆塗顏色時不會畫出線框外。

——按照圖解，搭出由十塊積木所組成的造形。

——說出至少四種不同的顏色。

整體的動作

——筆直地走在一條直線上不摔倒。

——有板有眼地爬梯子、吊單槓和跑步。

——按照音樂的節拍舞動身體。

——雙手抱在胸前單腳（左、右皆可）站立幾秒鐘。

——單腳（左、右皆可）往前跳約九十公分的距離。

——喜歡玩球，也懂得比賽的規則和計分的方式。

——彎下上身（但是「膝蓋保持」不彎曲），用手摸腳。

——左、右兩手皆可產生極大的握力。

——可以踮著腳尖輕快地跑。

　　此表僅供參考之用。每一個孩子都是按照不同的速度與方向而發展，他們在每一項成長課目上所花的時間，也不會完全一樣，此表中所列出的項目，代表著五歲大的孩子所有「可能」達到的程度。一般說來，大多數健康並且正常的兒童，會在某幾個項目中表現得特別超前，但也會在其他的一些項目中，進展得比「平均值」稍微緩慢一點。

名師出高徒——二之二

　　本月我們將繼續與家長們分享「良師祕笈」（詳見四歲十一個月「名師出高徒——二之一」）其餘的招數。還記得上個月我們所提到的學習「黃金定律」嗎？任何一項新的學習經驗，一開始的時候既不能太難，也不能太容易；不能是全然的陌生，也不可「還是那些老套」。簡單地說，當學習的項目只比原有的本領難一點點、不同一點點的時候，最佳的學習經驗即會自然並且愉快的發生。

　　因此，以下我們所討論的要點，全都在於幫助家長們正確地依照寶寶現有的能力為他尋找「匹配」得上的學習項目，以達到

不費吹灰之力即可學得既快又好的學習境界。

學習用途比學習名稱容易

對於生活中許多的器具用品，大多數五歲的兒童們可能仍然無法清楚地說出正確的名稱，但是他們卻對於其用途已有了粗略的了解。

譬如說，您的寶寶也許不知道「那樣白色圓圓的東西」叫什麼名字，但是他卻知道：「那件東西可以用來在黑板上寫字。」因此，家長們經常會聽到寶寶說：「我在美美家裡看到一枝……，那個寫黑板用的……，什麼什麼……？」「是粉筆嗎？」「對了，粉筆，粉筆！我在美美家看到一枝粉筆！」換句話說，如果家長拿著一枝粉筆問五歲的寶寶：「這是什麼？」他的反應很可能是「呆若木雞」，或是雙手一攤，聳聳肩膀表示不知道，但是高明的家長此時如果能將問題巧妙地修改成為：「這是用來做什麼的？」那麼寶寶很可能就會立即打開話匣子：「我知道，我知道，這個東西是用來寫黑板的……」吱吱喳喳說個不停呢！

定義用途比描述外形容易

除了記不清楚事物的「大名」之外，寶寶也仍然無法貼切地掌握物體的外形和「長相」。

舉例來說，如果您問寶寶：「寶寶來，說說看，雨傘是什麼？」那麼他的答案八九不離十，必然會是：「下雨天用的！」而不可能是「彎彎的把手、半圓形的篷子、尖尖的角……」同樣的，當被問到什麼是汽

車的時候，寶寶也會毫不考慮地回答：「人可以坐在裡面出去玩。」至於汽車有四個輪子、兩個雨刷這些特殊的外觀，寶寶則彷彿是全然的不在意。

示範比說明有效

對於一件寶寶從來沒有做過的事，家長們光憑口令和口述，大概沒有辦法很快地將寶寶教會。最有效的方式，是邊說邊示範給寶寶看一次。而對於一些比較複雜的活動（例如折衣服），您更是應該將之分段，以慢動作逐步示範給寶寶看，別忘了，在每一個段落都要停下來，讓寶寶有機會能立即練習一次，直到他完全學會了為止。

這一項重點不僅在家長們教導寶寶時十分管用，在平時指揮寶寶做家事、打雜時，也能派上不少用場，請您務必要多多使用，充分發揮其事半功倍的效果喲！

認外形比認名字容易

以下圖所列出的圖形為例，假如您指這張圖問寶寶：「指給爸爸看，三角形是哪一個？」寶寶可能會糊里糊塗地亂指一通，表示他對於「三角形」這個名稱仍有些不太「開竅」。

但是如果您指著下圖中左側的三角形問寶寶：「找找看，哪一個和爸爸指的三角形是一樣的呀？」寶寶則會立刻得意地將右側的三角形指給您看。

配對比挑錯容易

此處所指的配對，指的是將一件物體和另外一件一模一樣的「雙胞胎」配成一雙。

試試看，口中發出兩個相同的聲音，寶寶是不是很容易就能聽出是「一樣的」，而對於兩個相似卻不相同的聲音，寶寶則會反覆要求：「再聽一遍，嗯！好像是一樣的！咦，不對……？」

同樣的，以下所列的兩項遊戲，對於五歲的寶寶而言，甲種的玩法會比乙種容易，而且容易得許多。

1. 甲種玩法：（如下圖所示），指著左側單獨的笑臉，問寶寶：「找一找看，右邊的這些笑臉裡，哪一張和這第一張一樣啊？」

乙種玩法：（如下圖所示），請問寶寶：「仔細瞧瞧，哪一張臉和其他的不一樣啊？」

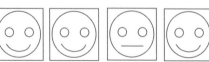

2. 甲種玩法：（如下圖所示），請問寶寶：「能不能找出和左邊一樣的球啊？」

乙種玩法：（如下圖所示），同樣的，請寶寶在右側三個皮球之中挑出和左側皮球一樣的那一個。

描述比歸類容易

　　如果您問五歲的寶寶：「什麼是蘋果？」他可能會先說：「好吃的！」然後，他會想一想再接著說：「紅色的、圓圓的、很香的喲！」不論他的答案是些什麼，最不可能出自於五歲寶寶口中的回答就是：「蘋果是一種水果！」

　　原因在於，雖然寶寶能夠努力地將一件物體以他所知道的方式描述出來，但是要將之正確地歸納分類，所需更高層次的抽象式思考（abstract），則是他目前仍然感到相當吃力的一項腦力活動！

指認比稱呼容易

　　指著一個釘書機問寶寶：「這個東西的名字是什麼？」如果寶寶說不出來，那麼您不妨改換另一種方式，將釘書機和一大堆文具放在一起，然後再請寶寶：「可不可以幫我把釘書機找出來啊？」此時寶寶多半能既快又正確地完成此項任務。

　　以上所列出的這些「名師祕笈」，我們希望能夠幫助家長們，在為孩子設計寓教於樂的親子遊戲時，達到事半功倍的效果。

　　我們更加希望這些知識，能夠幫助家長們真真正正地看清楚孩子的能力所在，因而能在每一天的生活中，不對寶寶做過分的要求，不設下過高的期望，合理並適切地帶領孩子以最為不疾不徐的腳步，把握住最正確的方向，在成長的旅途中勇往直前，穩健地奔跑！

　　知道嗎？愈是了解子女的父母，愈是孩子的好朋友和好玩伴，也愈能幫助孩子在許多事情中嚐到成功的果實。久而久之，孩子也就愈習慣於「自己是一個成功的人」的事實，而會將偶爾的失敗當成是一種有趣的挑戰，不會自怨自艾，自認為是無用之人。親愛的家長們，《教子有方》祝福您能夠早日成功地培養出孩子豁達、樂觀、自信、積極並上進的寶貴特質，請您要繼續加油喔！

呵！那個無憂無慮的童年！

　　親愛的家長們，在您的記憶最深、最遙遠的角落中，是否依然保存著童年時期無憂無慮的美好記憶？在那段時光中，夏日屋後的溪水是那麼的清澈，藍天中朵朵白雲是如此的變幻莫測，下雨天午後的故事書可以一本接一本不停地讀，冬日早晨的懶覺可以一直睡到中午……呵！那真是人生之中唯一一段無憂無慮的日子啊！您五歲的寶寶現在正處於那一段「記得當時年紀小」的黃金歲月之中，在此，我們願意邀請家長們一同來審視，屬於e世代兒童的「童年回憶」。

　　首先，我們必須看出e世代兒童所面臨最大的挑戰，就是過去只屬於成人世界的「生存競爭」，似乎已蔓延到幼小兒童原本單純的天地之中。社會上的「生存競爭」，指的是爭名、爭利、爭容貌，延伸到校園之中，即是爭成績、爭表現和爭人緣，再更加往前回溯至學齡前的孩子，即是爭聰明、爭伶俐、爭身高、爭

體重、爭頭圍的大小、爭會算的數字有多少、爭會讀的書有多少、爭會寫的字有多少……。這個競爭各式各樣屬於「學業」和「智慧」方面的戰場，似乎已在孩子幼小的天地中占據了一席龐大的地位！

除此之外，過去在大多數人心目中認為是消遣、娛樂和陶冶性情的活動，例如音樂、舞蹈、美術、戲劇等，現在也已添加了一層嚴肅、正式和互相較量的意味。「非常有那麼一回事」地學樂器、學繪畫、學唱歌的三歲幼兒，早已是大有人在。

同樣的，運動場上的活動與技能，也早已在鍛鍊身體的目的之外，變成超級明顯的競爭與較勁。三、四歲的小娃兒們學游泳、學溜冰、打棒球、打籃球、踢足球的活動，早已不只是「出出汗」、「過過癮」、「意思意思」而已了。

壓力鍋中的寶寶

現代的寶寶每日就像是生活在壓力鍋之中，當他們的身心無法承受這股令他無所遁形的龐大壓力時，就會產生種種焦慮、沮喪、挫折和憤怒的負面情緒。

每一個孩子承受壓力的能力都不同，因此，身為父母的您首要的工作，就是要弄清楚寶寶的特質為何！

即使是生長在同一個家庭中的兄弟姊妹，當他們面臨各種不同的情境時，所產生的反應也未必相同。譬如說，在一個熱鬧的聚會中，姊姊很可能非常喜歡和新朋友們接觸，但是弟弟卻視之為畏途，每逢與陌生的小朋友相遇，總是緊張得渾身發抖，手足無措。一般說來，愈能夠將生活中種種的壓力（例如考試、球賽、鋼琴演奏等等）當成是有趣的挑戰來正面迎接的孩子，會比感覺受到威脅、毫無安全感的孩子，在人生未來的旅途中，走得更為順暢，更為成功，也更加的長遠。

同樣的一份生活時間表，對於某一個孩子來說也許是十分的

充實和趣味滿溢，卻有可能對另外一個孩子造成極大的壓力，並且帶來極大的痛苦。

有辦法能夠提增「壓力鍋中的寶寶」承受壓力的能力嗎？有的！事實上，在家長們正確及適當的輔助與誘導之下，寶寶將可擁有應付壓力與焦慮抗衡的各種裝備，懂得如何成為「壓力鍋中的生存者」。

焦慮的來源

現代的孩子們幾乎從一出生就開始必須面對壓力！有形的、無形的、直接的、間接的各種壓力，正一天比一天更加強勢地充滿在成長中孩子的生活，因此，在我們這個科技發達、文明進步的快節奏社會中，常見幼小的兒童顯示出焦慮的徵狀。沒錯，即使是五歲的孩子，也有可能因為受不了壓力而發生焦慮症！

令幼小兒童焦慮的原因一般可分為兩種，一是先天遺傳所致（例如神經質、容易緊張的個性），通常這種情形較為「根深柢固」，頑強不易更改。因此，與其強硬扭轉孩子的本質，不如努力幫助孩子學會放鬆的方法（詳見下文「放鬆的方法」）。

另外一種焦慮來自於環境的影響（例如父母離婚、貧窮或親人逝世等），當這種情形發生的時候，家長們必須能夠「治本不治標」地勇敢面對問題的核心，方能一勞永逸地解除孩子的壓力。舉例來說，五歲的小咪長期因為貧窮所導致的營養不良，造成她上課時總是無法集中精神專心學習，連帶的，小咪在學業上的表現也會長期處於不理想的狀態之中。她不僅毫無自信心，也經常陷於因為以上種種的壓力而產生的焦慮之中。當小咪的問題原因被「追根究柢」地找出來之後，她的父母們開始注意小咪的飲食，漸漸的，小咪上課開始能夠專心，成績也隨著進步，小咪對自己有了信心，也就永遠脫離了令她焦慮的一切壓力。

其他常見來自於外在環境中的壓力，還包括了怕黑（「大

野狼會來捉我」）、怕被父母拋棄（「爸爸、媽媽不再愛我了！」）、害怕未知（「明天去看醫生，他會把我怎麼樣啊？」）、害怕失敗（「爸爸、媽媽對我失望！」）等。

寶寶自我減壓術

聰明的寶寶自會發展出一套屬於他個人的減壓術，這套方法未必高明，但卻是他避免「高壓超荷」的一種「求生」方式。

譬如說，一個幼小的兒童會「突然」之間拔腿逃離現場、用力踢一個皮球、放聲大哭或是毫無理由地趴在地上。如果家長們選擇在此時詢問寶寶這些怪異舉止的理由，他可能也說不出個所以然來，這即表示寶寶連他自己都不明白他正承受著「過分」的壓力。

有些孩子會在想像中「製造」一個朋友，也許是一只玩具小狗熊，也許是一個破布娃娃，也許什麼也不是，只是寶寶腦海中的一個人物，雖然有時會造成家長們極大的不便（例如乘車時要為寶寶的好朋友多留一個座位），但是學術研究已指出，對於許多幼兒而言（尤其是想像力豐富，聰明且人緣極佳的孩子們），這位想像中的好朋友可是極佳的減壓高手喔！

比較棘手的一種減壓形態是逃避現實。當孩子的心態進入了這種模式之中時，他可能會在正常的發展上產生一些開倒車的現象。例如當家中突然之間添了一位小弟弟或小妹妹時，寶寶會因為害怕失去父母的愛而變回小時候（例如尿床、要爸爸媽媽抱、要喝奶瓶、不肯獨眠等）的模樣，以爭取父母更多的關注。

還有一些孩子會採取拒絕接受的方式來應付壓力。譬如說，小美在心愛的來福（小狗）走失之後，仍然每日為來福添水備食的舉止，就是一種對於壓力完全拒絕接受的表現。

以上所列出的這些寶寶自我減壓術，可以幫助壓力鍋中的寶寶暫時，但是迅速且有效地度過眼前的難關。然而，家長們卻必

須時時提高警覺，當一個孩子因為極度的逃避現實或拒絕現實，而長期地與現實生活脫了節時，那麼這就表示該是父母，甚至專業人員插手助寶寶一臂之力的時機了。

壓力超荷的警訊

當壓力在孩子心中累積到他無法自行減壓，亦無法繼續負荷的地步時，寶寶會在身心雙方面顯示出各種的跡象（例如胃口不佳、食慾不振、尿床、半夜驚醒、口吃、頭疼、胃疼……等）。因此，家長們必須能夠即時地掌握「寶寶有些不對勁了」的警訊，立即採取適當的措施，以避免情況繼續惡化至無可挽回的地步。

為愛兒減壓

親愛的家長們，以下我們列出五大項為寶寶減壓的好方法，幫助您帶領寶寶早日脫離那只「苦海無邊的壓力鍋」，無憂無慮地享受屬於他的美好童年：

1. 家長們所必須把握住最重要的三項原則是：
- 認清孩子的天性與特質。
- 找出為孩子製造壓力的原因。
- 教導孩子學會放鬆的方法。

2. 一旦您已找出令孩子憂慮不安的原因，那麼請您先試著去解決或改變該項原因（例如為怕黑的寶寶添盞夜明燈，為怕看醫生的寶寶預先說明體檢的程序等），以能根本解決孩子的問題。

3. 教導寶寶如何正確地渲洩心中的負面情緒。不論是以言語的方式（例如說出生氣的原因）或非言語的方式（例如繪畫、音樂或各式運動），都可幫助孩子清除積壓在心中的壓力，以免除超荷的危機。

4. 容許寶寶擁有完全屬於他自己、完全不被任何人干擾的獨

處時段。這一點說來容易，做來也不難，但是極為重要，也極易為家長們所忽略。在獨處時，寶寶可以自由選擇一些簡單不需要用大腦的活動，一些難一點、挑戰性高一點的活動，和少數他完全無法達成的活動。這麼一來，孩子們即可免去了許多不必要的壓力。當然，藉著默默的觀察，父母們也能更進一步了解孩子的壓力上限何在。

5.記得要常常對寶寶說個笑話，別忘了，笑能治百病，古人說「一笑解千愁」，幽默當然也是減壓的最佳良方。

放鬆的方法

教寶寶利用呼吸來紓解身心雙方的壓力！

「慢慢地用你的鼻子呼吸，感覺你的胃和胸部充滿了空氣，吸足了氣停住不動，聽媽媽數到五、一、二、三、四、五，好，現在慢慢地將氣從小嘴中吐出來，慢慢地吐，一直吐氣，一直吐氣，吐光胸中的空氣，也吐出心中的煩惱！」

教導寶寶鬆弛肌肉的方法

因為幼小的寶寶可能還不懂得「放鬆肌肉」是什麼意思，所以我們建議家長們，不妨先讓寶寶在一隻小手中握住一顆堅硬光滑的石頭，另外一手則握住一團海棉球。

對寶寶說：「試試看，寶寶能不能讓你兩隻腳都變得和手中的石頭一般硬！用力，嗯！是不是很硬啦！再用力！現在我們數到五、一、二、三、四、五，好，寶寶試試看可不可能再把兩隻腳變得像海棉球一樣軟啊！試試看，還可以再軟一點嗎？好棒喔！」

如此，您可以帶領寶寶由雙腳逐漸往上，至腹、胸、手臂和頸部，慢慢地教會寶寶如何放鬆全身的肌肉。

另外，養成為寶寶放些柔和音樂的好習慣，對於許多人而言，音樂是一個絕佳的忘憂谷，讓人一旦置身其中即可卸下胸中

所鬱積的各種憂愁，是個效果極棒的「消壓高手」。

在結束本文之前，我們最後要再叮嚀家長們一點，別忘了以身作則為孩子設下抗壓的典範。要知道，您在壓力之下所說的每一句話，所做的每一件事，寶寶都正睜著雪亮的雙眼，一五一十地看個分明哪！《教子有方》將會繼續在《五歲寶寶成長指南》一書中為您提供一些專門幫助父母們自我抗壓與解壓的好方法，請您務必拭目以待，千萬別錯過喔！

提醒您 ！

❖ 為即將成為「校園新鮮人」的寶寶做好各方面的準備。

❖ 真正了解孩子的特質。

❖ 給孩子一個快樂的童年。

❖ 幫助寶寶消解壓力。

迴 響

親愛的《教子有方》：

　　謝謝您每月所調配的「育兒秘方」，我不僅因此變成一個更好的媽媽，我覺得我已是一個更好的「人」。

　　在我認為，每一位為人父母者都應該拜讀您的大作，這些寶貴但易讀的高見，真是嘉惠人群啊！

　　謝謝您！

鄭凱琳
美國加州

國家圖書館出版品預行編目資料

4歲寶寶：建立親密的親子關係最佳時機
／丹尼斯.唐總編輯；毛寄瀛譯. -- 二
版. -- 臺北市：書泉，2018.05
　　面；　公分
譯自：Growing child
ISBN 978-986-451-128-0（平裝）

1.育兒

428　　　　　　　　　　107005240

3I04

4歲寶寶
建立親密的親子關係最佳時機

總 編 輯 — Dennis Dunn
作　　者 — Phil Bach, O.D., Ph.D., Miriam Bender.Ph.D.
　　　　　　Joseph Braga, Ph.D., Laurie Braga, Ph.D.
　　　　　　George Early, Ph.D., Liam Grimley, Ph.D.
　　　　　　Robert Hannemann, M.D., Sylvia Kottler, M.S
　　　　　　Bill Peterson, Ph.D.
譯　　者 — 毛寄瀛（26.1）
發 行 人 — 楊榮川
總 經 理 — 楊士清
副總編輯 — 陳念祖
責任編輯 — 李敏華
封面設計 — 姚孝慈
內頁插畫 — 陳馥初
出 版 者 — 書泉出版社
地　　址：106台北市大安區和平東路二段339號4樓
電　　話：(02)2705-5066　　傳　真：(02)2706-610
網　　址：http://www.wunan.com.tw
電子郵件：shuchuan@shuchuan.com.tw
劃撥帳號：01303853
戶　　名：書泉出版社
總 經 銷：貿騰發賣股份有限公司
地　　址：23586新北市中和區中正路880號14樓
電　　話：886-2-8227-5988　　傳真：886-2-82275989
網　　址：http://www.namode.com
法律顧問　林勝安律師事務所　林勝安律師
出版日期　2003年7月初版一刷
　　　　　2018年5月二版一刷
定　　價　新臺幣350元

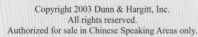